DE LA

NÉVROTOMIE MÉDIANE

DANS LE TRAITEMENT

DE LA

NERF-FÉRURE

ET DE LA

PÉRIOSTOSE DU BOULET

PAR

C. PELLERIN

EX-RÉPÉTITEUR DE CLINIQUE ET DE CHIRURGIE A L'ÉCOLE VÉTÉRINAIRE D'ALFORT

MÉDECIN-VÉTÉRINAIRE A PARIS

PARIS

ASSELIN ET HOUZEAU

LIBRAIRES DE LA SOCIÉTÉ CENTRALE DE MÉDECINE VÉTÉRINAIRE

PLACE DE L'ÉCOLE-DE-MÉDECINE

1895

DE LA

NÉVROTOMIE MÉDIANE

DANS LE TRAITEMENT

DE LA NERF-FÉRURE

ET DE LA PÉRIOSTOSE DU BOULET

9189-95. — CORBEIL. Imprimerie CRÉTÉ.

DE LA

NÉVROTOMIE MÉDIANE

DANS LE TRAITEMENT

DE LA

NERF-FÉRURE

ET DE LA

PÉRIOSTOSE DU BOULET

PAR

C. PELLERIN

EX-RÉPÉTITEUR DE CLINIQUE ET DE CHIRURGIE A L'ÉCOLE VÉTÉRINAIRE D'ALFORT

MÉDECIN-VÉTÉRINAIRE A PARIS

PARIS

ASSELIN ET HOUZEAU

LIBRAIRES DE LA SOCIÉTÉ CENTRALE DE MÉDECINE VÉTÉRINAIRE

PLACE DE L'ÉCOLE-DE-MÉDECINE

—

1895

AVANT-PROPOS

Le 25 juin 1892, alors que j'étais répétiteur de clinique et de chirurgie à l'Ecole vétérinaire d'Alfort, j'ai pratiqué, avec succès, sur une jument atteinte de nerf-férure, la section du nerf médian ou cubito-plantaire.

Cette névrotomie spéciale avait déjà été faite en Allemagne et en Belgique, mais c'était la première fois qu'elle était employée en France.

Depuis, je l'ai utilisée un assez grand nombre de fois et en ai toujours obtenu de bons résultats contre la nerf-férure. On peut aussi y avoir recours avec avantage contre la périostose du boulet.

Opposée à ces affections, contre lesquelles on était presque complètement désarmé, l'application de la cautérisation ne donnant en général qu'un mieux temporaire, la névrotomie médiane est appelée à rendre d'immenses services.

Quand on réfléchit au grand nombre d'animaux qui, avec elle, du jour au lendemain, acquerront une valeur beaucoup plus grande et seront encore utilisables pendant plusieurs années, alors qu'ils étaient destinés à disparaître, on est étonné des bénéfices qu'elle procurera à tous les commerces et industries qui se servent du cheval comme moteur.

L'agriculture, cette grande défavorisée de ces dernières années, qui, malgré cela, n'en est pas moins restée une des principales richesses du pays, en profitera aussi et même doublement :

D'abord, cette opération lui donnera les gains généraux qui viennent d'être indiqués ; ensuite, elle lui permettra de se procurer à peu de frais dans les villes des chevaux qui, ne boitant plus, seront avantageusement réformés seulement pour manque d'élégance. Ces animaux rendront aux travaux des champs d'aussi bons services que d'autres d'un prix plus élevé, qui, eux, encore au bénéfice de la culture, iront reprendre la place des premiers.

Comme en économies commerciale, industrielle et rurale surtout il n'y a pas de petites épargnes, cette opération doit être la bienvenue.

Enfin, j'ai fait sur elle deux communications qui ont été présentées à la Société centrale de médecine vétérinaire.

Aujourd'hui, je crois la suffisamment connaître pour en faire une étude générale.

C'est ce travail que je soumets au jugement du monde vétérinaire, trop heureux s'il peut lui être utile.

L'ouvrage est divisé en deux parties :

La première comprend l'étude de la névrotomie médiane elle-même ;

La deuxième, la relation exacte des faits tels que je les ai observés.

C. PELLERIN.

Paris, le 10 Janvier 1895.

PREMIÈRE PARTIE

DE LA NÉVROTOMIE MÉDIANE OU MÉSONEURECTOMIE.

Définition. — La névrotomie médiane est une opération qui consiste à sectionner le nerf médian ou cubito-plantaire et à exciser deux ou trois centimètres de l'about périphérique.

Dénomination. — Les auteurs étrangers, qui avant moi ont étudié la section du médian, n'ayant pas donné de nom spécial à cette opération, j'ai comblé cette lacune.

Je l'ai appelée « *névrotomie médiane* » parce qu'elle se pratique sur le nerf médian. Cette désignation est simple, de plus elle est courte, enfin elle donne une idée exacte de l'action chirurgicale, puisqu'elle contient le nom de l'opération et celui de l'organe sur lequel on la pratique : ces trois qualités essentielles me l'ont fait adopter. Elle est préférable à celle de *névrotomie radiale* qui indique immédiatement qu'elle se pratique au niveau du radius, mais qui pourrait porter à confusion, car il existe un nerf radial et ce n'est pas sur lui qu'on opère.

Névrotomie cubito-plantaire aurait été une désignation un peu longue et *névrotomie antibrachiale* ne fait pas connaître le nerf que l'on résèque.

Il est possible aussi de désigner la névrotomie médiane à l'aide d'un mot composé. Le terme *médianotomie* (de medianus, moyen et τομή, section) employé un peu à la légère par Ries, ne peut pas être conservé puisqu'il est formé d'une racine latine et d'une grecque ; de plus, il n'indique pas qu'il s'agit d'une névrotomie. On peut dire *mésonévrotomie* (de μέσος milieu, νεῦρον nerf, τομή section) ou bien *mésoneurotomie* qui a les mêmes racines mais est plus régulier. Enfin, il est préférable d'avoir recours à *mésonévrectomie* (de μέσος milieu, νεῦρον nerf et ἐκτομή excision) ou plutôt encore à *mésoneurectomie* qui a les mêmes racines mais est plus régulier. Ces deux dernières dénominations font savoir qu'il s'agit d'une excision.

En général, on devrait dire *névrectomie* et non *névrotomie* qui, si ce n'était la grande habitude que l'on a de ce terme, pourrait faire comprendre qu'il s'agit d'une section et non d'une excision partielle.

Je me suis arrêté au mot *mésoneurectomie*, mais je ne l'ai mis qu'en seconde ligne, car j'ai craint de le voir difficilement entrer dans la pratique ; néanmoins, dans le cours de ce travail, il m'arrivera très souvent de l'employer.

Historique. — L'histoire de la névrotomie médiane est courte. Peters (1) répétiteur à l'École de médecine vétérinaire de Berlin est, à ma connaissance, le premier chirurgien qui l'a pratiquée. Dans la séance du 2 décembre 1885, il a présenté à la « *Société des vétérinaires praticiens de Berlin* » un long et intéressant mémoire sur la « *névrotomie dans les cas de boiteries chroniques des membres des chevaux.* »

Après avoir, dans une première partie, critiqué sévèrement les névrotomies plantaires, particulièrement la haute ; il donne, dans une deuxième partie, la relation de plusieurs névrotomies pratiquées sur le médian, en faisant connaître les affections contre lesquelles il les a employées, le manuel opératoire qu'il a suivi et les résultats qu'il a obtenus.

(1) J. Peters : *Wochenschrift für Thierheilkunde und Viehzucht von Adam* 1886, p. 190 et 201.

Ries (1), professeur à Ettelbruck (Grand-Duché de Luxembourg), dans un article intitulé « *Une excursion vétérinaire en Belgique* », dit ceci : « Sur un jeune cheval de selle, j'ai « pu voir des accidents très fâcheux de cette névrotomie « fantastique d'outre-Rhin, qui se pratique sur le médian. « Dirigée contre la maladie naviculaire (ou podotrochilite « subaiguë), il s'était déclaré consécutivement à l'opération « une fourbure affectant la forme chronique et déterminant « bientôt la perforation en croissant de la sole. Tout me « porte à croire que la médianotomie a eu son temps à « Cureghem. N'est-il pas permis, à ce propos, de poser la « question suivante : la gangrène comme accident de la « névrotomie, est-elle bien la terminaison d'une fourbure « plus ou moins intense, ou bien la fourbure chronique est-« elle une complication spéciale de la section du médian ? »

Hendrickx (2), répétiteur de chirurgie à l'École de Cureghem, s'exprime ainsi à la fin d'un article sur « *Les accidents éloignés survenant à la suite de la névrotomie plantaire* » :

« Dans ces derniers temps, un auteur allemand a pré-« conisé la section du nerf médian à la région antibrachiale; « il prétendait que les accidents ordinaires ne se présen-« taient pas à la suite de l'opération. Nous avouons ne « pas comprendre l'effet que la section du nerf médian « pourrait avoir pour prévenir les complications graves. « L'application qui a été faite de ce procédé à la clinique de « l'École de Cureghem n'est pas de nature à m'inspirer « une bien grande confiance dans l'efficacité de ce procédé. « Deux chevaux y ont été opérés de cette manière et sur « l'un d'eux nous avons vu apparaître au bout de 5 à 6 « semaines des troubles graves du pied et des tendons, « troubles qui ont pris rapidement une extension telle que « l'animal a dû être sacrifié. »

J'ai tenu à citer textuellement ces deux auteurs, qui par-

(1) Ries : *Recueil de méd. vét.* 15 mai 1890, p. 312.
(2) Hendrickx : *Annales de méd. vét.*, nov. 1890, p. 586.

lent certainement du même cheval, parce qu'ils bannissent d'une façon absolue la mésoneurectomie.

Ellenberger (1) donne la relation d'un travail de Goldmann paru dans le « *Zeitschrift für Veterinärkunde mit besonderer Berücksichtigung der Hygiene. Organ für Rossärzte der Armee* » (3e année, p. 249) sur la « *Neurotomie du nerf médian* ». Il m'a été impossible de me procurer ce dernier journal et par suite de consulter le travail de Goldmann. Quoi qu'il en soit, l'analyse faite par Ellenberger contient des données très intéressantes sur le manuel opératoire et les résultats obtenus.

Dans la séance du 8 décembre 1892 de la Société centrale de médecine vétérinaire, Moussu, professeur à l'École d'Alfort et membre de ladite Société, a présenté en mon nom (2) un travail comprenant la relation d'un fait se rapportant à la « *Névrotomie pratiquée sur le nerf médian ou cubito-plantaire* » et ensuite l'étude de la « *Névrotomie médiane ou mésoneurectomie* » ; dans cette seconde partie, j'ai passé en revue toutes les questions relatives à cette opération : indications, anatomie de la région, manuel opératoire, résultats, etc.

Au commencement de l'année 1894, Angelo Baldoni (3), répétiteur à l'École vétérinaire de Milan, a fait paraître, sur la « *Névrectomie du médian chez le cheval* » une brochure qu'il m'a fait la gracieuseté de m'adresser et où j'ai l'honneur d'être plusieurs fois cité.

J'ai d'abord vu dans ce mémoire que Kull (4), vétérinaire allemand, avait avec avantage pratiqué en 1893, la section du médian sur un cheval qui souffrait de formes et d'une maladie du pied non indiquée.

(1) Ellenberger : *Jahresbéricht über die Leistungen auf dem Gebiete der veterinär-Medicin*, année 1891, p. 145.

(2) Pellerin : *Névrotomie pratiquée sur le nerf médian ou cubito-plantaire. — De la névrotomie médiane ou mésoneurectomie.* (*Bul. Soc. cent. méd. vét.*, 1892, p. 746.)

(3) Angelo Baldoni : *La nevrectomia del mediano nel cavallo*, Milan, 1894.

(4) Kull : *Zeitschrift für Veterinärkunde*, 1893, p. 14.

Le travail de Baldoni contient des idées nouvelles et même originales, mais absolument théoriques et presque imaginaires sur les indications, les effets et les lieux d'élection de l'opération.

Dans la séance du 26 avril 1894, Moussu a de nouveau présenté en mon nom (1) à la Société centrale de médecine vétérinaire, un travail intitulé : « *De la névrotomie médiane ou mésoneurectomie employée contre le nerf-férure* », où je rapporte l'histoire des nouveaux cas que j'ai observés.

Bossi, de Pise (2), a publié, en octobre 1894, une brochure qu'il m'a adressée et qui porte ce titre : « *Recherches sur la névrectomie du nerf médian chez le cheval.* »

Cet auteur n'a employé qu'une fois thérapeutiquement l'opération. Son travail a spécialement pour but de chercher expérimentalement si les idées nouvelles émises par Baldoni, et que j'avais critiquées dans ma deuxième communication, sont justes.

Voilà tout ce que je connais sur l'histoire de la névrotomie médiane. Peut-être d'autres faits ont-ils été publiés par des vétérinaires étrangers ; mais la difficulté qui s'attache aux recherches bibliographiques dans les langues étrangères ne m'a pas permis de les découvrir et servira, j'espère, à m'excuser d'omissions possibles, mais involontaires.

On a pu remarquer que dans l'historique, sauf pour Ries et Hendrickx, dont j'ai rapporté *in extenso*, les très courtes notes, je n'ai fait que citer les auteurs sans les discuter; ceci tient à ce que je trouve plus rationnel de commenter les idées dans le cours de la description de l'opération.

Indications. — Peters a employé avec avantage la

(1) Pellerin : *De la névrotomie médiane ou mésoneurectomie employée contre la nerf-férure* (*Bul. Soc. cent. méd. vét.*, 1894, p. 268).

(2) Bossi : *Ricerche sulle nevrectomie del mediano degli equini.* Pise, 1894.

section du médian contre la maladie naviculaire, les formes et la nerf-férure ; mais il n'a pas indiqué s'il opérait au-dessus ou au-dessous de la branche que ce nerf envoie postérieurement, au niveau de l'articulation du coude, au fléchisseur interne du métacarpe et aux fléchisseurs des phalanges (*fig.* 2, 3, 4 et 5. N'. N'').

Il arrive, comme on le voit par ses indications, à substituer la névrotomie médiane aux névrotomies plantaires. Les avantages qu'il trouve à la première, c'est qu'elle n'abolit pas la sensibilité dans les parties inférieures du membre comme la section des nerfs du paturon, qu'au contraire, elle paraît la conserver dans la peau ; c'est que, pour les affections siégeant au-dessous du boulet, il n'y a qu'une seule opération à pratiquer et qu'ainsi on n'a pas à retourner ou recoucher le cheval ; c'est qu'enfin on évite les cicatrices défectueuses du paturon et du boulet. Toutes ces raisons sont évidemment très justes ; mais, comme on le verra plus loin, insuffisantes pour faire abandonner les névrotomies plantaires.

Goldmann a recours à la section du médian pour obvier à des boiteries ; c'est-à-dire qu'il conserve les données de Peters ; mais il n'a pratiqué cette opération que contre la maladie naviculaire et les formes.

Baldoni divise ainsi les indications :

1° « En sectionnant, dit-il, une partie du nerf bien au-« dessus du ligament huméro-radial, avant qu'il ait fourni « la branche des fléchisseurs, nous supprimons la sensi-« bilité, non seulement dans le champ des fléchisseurs, « mais dans toute la moitié du membre au-dessous de « l'antibrachial et par là du pied. »

Il indique alors de faire l'opération à cette hauteur lorsqu'il y a à la fois des lésions des tendons et des régions inférieures au boulet.

L'excision partielle du médian au-dessus du point où il fournit la branche des fléchisseurs est irrationnelle, puisque l'insensibilité des tendons est suffisante par la section du nerf au-dessous de ladite branche. J'ai à l'appui de cette affirmation suffisamment de faits concluants. De plus, on prive inutilement le fléchisseur interne du métacarpe et les fléchisseurs des phalanges de filets moteurs importants. En effet, bien que cette opération ne détermine pas une paralysie immédiate de ces muscles, comme j'ai pu m'en convaincre en la pratiquant, le 27 novembre 1892, sur un cheval d'expérience qui a présenté, jusqu'au lendemain, jour où il a été sacrifié, une flexion normale de la partie inférieure du membre, je crains pour la suite une atrophie des muscles innervés par la branche postérieure du médian, et surtout du fléchisseur interne du métacarpe qui ne reçoit d'influx nerveux d'aucune autre source.

L'auteur n'indique pas dans ses notes si cliniquement il a pratiqué l'opération à la hauteur donnée :

2° « En sectionnant, continue Baldoni, une partie de la « branche qui va aux fléchisseurs, on supprime la sensi- « bilité seulement dans ceux-ci. »

Cet auteur n'a jamais eu recours thérapeutiquement à cette excision, n'en ayant pas eu l'occasion ; mais il prétend qu'elle donnerait de bons résultats dans le cas de nerf-férure seule. Je suis persuadé au contraire qu'elle ne déterminerait que peu ou pas d'insensibilité des tendons, leur sensibilité étant surtout due aux branches émises plus bas (voir plus loin l'anatomie). Enfin, comme dans la section du nerf médian au-dessus de la branche des fléchisseurs, il y aurait consécutivement des atrophies musculaires à craindre.

3° « En sectionnant, dit ensuite Baldoni, une partie du « nerf médian au-dessous de l'articulation huméro-radiale, « après qu'il a fourni la branche des fléchisseurs, on sup- « prime entièrement la sensibilité de la moitié inférieure « du membre au-dessous de l'antibrachial (y compris le « pied) et on laisse intacte la sensibilité des fléchisseurs. »

C'est la seule névrotomie médiane pratique, je n'en ai

jamais employé d'autre; elle insensibilise, en partie seulement, l'extrémité du membre; mais, loin de laisser intacte, comme le dit l'auteur, celle des fléchisseurs, elle les insensibilise suffisamment pour faire disparaître la claudication due à la nerf-férure.

Baldoni la recommande seulement en remplacement des névrotomies plantaires, c'est-à-dire contre la maladie naviculaire et les formes.

Enfin, l'auteur préconise la section du médian contre les boiteries de l'épaule. Il dit que la névrotomie plantaire a déjà donné de bons résultats en pareil cas et que la névrotomie du cubito-plantaire étant faite plus près du siège du mal doit en donner davantage. Ces faits sont particuliers à la clinique de Milan; l'auteur n'en donne pas l'explication, disant qu'ils seront prochainement discutés.

Je ne les commenterai pas plus, faisant tout simplement remarquer qu'ils ne s'expliquent que par une erreur de diagnostic.

Bossi a basé les indications sur des expériences entreprises dans le but de déterminer qu'elles sont les parties insensibilisées par la section du cubito-plantaire aux différentes hauteurs données par Baldoni.

Peters avait déjà probablement aussi expérimenté dans le même sens, car il dit dans son Mémoire que l'on peut se convaincre par des piqûres que la section du médian insensibilise les tendons fléchisseurs, mais que la sensibilité persiste dans la peau.

Pour explorer la sensibilité des tendons, Bossi les a mis à découvert; il les a piqués avec une aiguille de cautère chauffée à la lampe, et ensuite a enfoncé à des profondeurs variées une aiguille lancéolée.

La sensibilité du paturon et de la couronne a été déterminée simplement en piquant ces régions.

En pratiquant la section du médian au-dessus du rameau des fléchisseurs, il a trouvé une diminution et quelquefois une disparition complète de la sensibilité des tendons et du côté interne du paturon et de la couronne. Le côté externe de ces parties avait conservé, au contraire, une sensibilité presque normale.

En pratiquant la névrotomie du rameau des fléchisseurs, une diminution de la sensibilité des tendons a été constatée.

Enfin en pratiquant la névrotomie du médian au-dessous du rameau des fléchisseurs, en remplacement de la névrotomie plantaire, Bossi a trouvé le côté interne du pied insensible, et le côté exte ie ainsi que la face antérieure aussi sensibles qu'à l'état normal.

Malheureusement, ce qui m'aurait le plus intéressé, Bossi n'a pas cherché dans cette dernière névrotomie ce que devenait la sensibilité des tendons, probablement parce qu'il a cru, comme il le met dans sa brochure, sans doute à la suite d'une fausse traduction, que je faisais la mésoneurectomie au-dessus de la branche des fléchisseurs.

Il conclut en disant que la névrotomie au-dessus du rameau des fléchisseurs est la seule à conserver, et seulement dans le cas de tendinite rebelle à tous les traitements ordinaires; que la névrotomie du rameau des fléchisseurs et la névrotomie au-dessous de ce rameau ne seraient pas suffisantes pour insensibiliser les tendons; que cette dernière n'a pas d'un autre côté une valeur supérieure à la névrotomie plantaire.

Je suis, sur ce dernier point, entièrement du même avis.

Maintenant que les idées générales des auteurs sont connues, je vais exposer les miennes, basées presque toutes sur l'observation de faits cliniques, et en n'ayant en vue que la névrotomie du médian *au-dessous du rameau des fléchisseurs*.

Relativement à l'emploi de la mésoneurectomie contre la maladie naviculaire et les formes cartilagineuses et phalangiennes, je fais des réserves.

1° *Maladie naviculaire.* — Je n'ai pas eu recours à la

section du cubito-plantaire contre la maladie naviculaire seule, car je considère qu'il n'y a aucune utilité à chercher à détrôner la névrotomie basse et double qui est très efficace contre cette affection et ne détermine que très rarement des accidents. — La mésoneurectomie donne certainement des résultats, puisque des chirurgiens sérieux l'ont constaté ; du reste le raisonnement l'indique ; mais, à mon avis, ces résultats doivent être moins parfaits qu'avec la névrotomie basse et double, car les organes contenus dans le sabot sont en partie encore innervés au côté externe par le cubito-cutané. Pour les mêmes raisons, elle serait probablement moins dangereuse pour le pied, mais en revanche, elle énerverait partiellement et sans aucun avantage les régions comprises entre la partie supérieure de l'avant-bras et la couronne.

On ne doit pas en pathologie jeter inutilement des perturbations ; un bon moyen, quel qu'il soit et qui a fait ses preuves, ne doit être abandonné pour un autre que lorsqu'il est certain que celui-ci lui est supérieur. Ce n'est pas le cas actuellement et je continuerai comme par le passé à employer la névrotomie basse et double contre la maladie naviculaire.

2° *Formes cartilagineuses et phalangiennes.* — Lorsque ces tares ne siègent que d'un seul côté de la couronne ou du paturon, on doit conserver la névrotomie plantaire haute et unilatérale qui est très efficace et n'expose, en règle générale, à aucun accident.

Lorsqu'on a à traiter des formes cartilagineuses ou phalangiennes existant de chaque côté ou tout autour de la couronne ou du paturon, j'avais pensé dans mes deux premières communications, comme il est prouvé que la névrotomie médiane est absolument inoffensive, qu'on pourrait peut-être l'employer de préférence à la névrotomie haute et double qui est un peu dangereuse. Dans cet ordre d'idées, je l'ai pratiquée le 17 juillet 1894 sur un cheval atteint, au membre antérieur gauche, d'une très forte boiterie déterminée par une périostose de la couronne, due elle-même à une fêlure de la deuxième phalange (Observation XII). Aussitôt après l'opération, l'animal boitait beaucoup moins, probablement par suite de l'ébranlement nerveux, car le lendemain, la claudication était plus forte, le surlendemain plus accusée encore et au bout de quelques jours elle était presque aussi accentuée qu'avant la section du médian. Elle a persisté après la cicatrisation de la plaie. Le résultat a donc été *négatif* et trois semaines après, j'ai dû faire la névrotomie haute et double. J'aurais pu n'opérer que du côté externe, la mésoneurectomie ayant dû insensibiliser complètement l'interne; mais je tenais, puisque j'en avais l'occasion, à m'assurer de l'état de sensibilité des deux nerfs plantaires.

Voici ce que j'ai observé :

Pendant les différentes manœuvres effectuées du côté interne : incision de la peau et du tissu conjonctif périnerveux, préhension du nerf avec les pinces, section du nerf, application des points de suture, l'animal n'a pas du tout réagi, l'insensibilité était complète. Du côté externe, au contraire, les réactions ont été aussi violentes qu'elles le sont en général pendant les névrotomies, ce qui varie beaucoup suivant l'excitabilité des sujets.

Aussitôt après cette dernière opération le cheval ne boitait plus du tout, même au trot, et la claudication n'a pas reparu, du moins pendant un mois environ, car, après la cicatrisation complète des dernières plaies opératoires, dans la crainte d'accidents, le sujet a été vendu.

Ce fait, ou plutôt cette expérience, car c'en est une véritable, prouve que la névrotomie médiane est insuffisante pour les formes siégeant tout autour de la couronne; elle ne peut donner tout au plus qu'une amélioration et une guérison radicale seulement dans le cas où il n'y aurait pas de douleur au côté externe. Elle est donc inutile aussi pour les lésions n'existant que de ce côté. Cette insuffisance, qui peut s'appliquer à toutes les affections ayant leur siège au-dessous du boulet, tient à ce que la sensibilité est en partie conservée dans le nerf plantaire externe.

Du reste, chaque fois que j'ai eu recours à la mésoneurectomie contre la nerf-férure et qu'en même temps il existait de la périostose au côté externe du paturon ou de la douleur dans le sabot au même côté, je n'ai obtenu que des améliorations (Observations III, VII, VIII, XIV et XV).

Aussi, pour les formes doubles je conserverai la névrotomie haute et double. Malheureusement, elle est assez dangereuse et ne doit être pratiquée qu'avec précaution. Ainsi, il n'est pas rare, lorsqu'il existe deux formes sur le même membre boiteux, de voir la claudication n'être due qu'à un seul côté; il est donc prudent de faire d'abord la névrotomie du côté qui paraît déterminer la boiterie (le plus souvent celui qui correspond à la forme, non pas la plus volumineuse, mais la plus récente) pour ne l'employer du côté opposé que si la première est inefficace.

Quelquefois la périostose n'existe qu'à la face antérieure du paturon; dans ce cas particulier, Baldoni dit avoir obtenu de bons effets avec la section du médian. Le succès est possible et je me propose de le contrôler.

3° *Nerf-férure.* — La nerf-férure antérieure en général, qu'elle siège sur la bride carpienne, le perforant, le perforé, le ligament suspenseur du boulet ou sur plusieurs de ces organes à la fois, est la morbidité contre laquelle la mésoneurectomie est particulièrement indiquée, contre laquelle elle est toujours employée avec succès; je peux hautement l'affirmer, l'ayant fait en pareil cas un assez grand nombre de fois, plus à moi seul que tous les auteurs qui ont écrit sur le sujet (Observations I, II, IV et V, VI, IX et X, XI, XIII, XIX et XX).

Tous les praticiens savent combien les efforts des ligaments et des tendons qui maintiennent le boulet en arrière sont fréquents sur les chevaux utilisés sur les voies pavées des grandes villes et particulièrement de Paris. Tous également ils savent combien ces tendinites, combien la nerf-férure constituent des affections graves. Les vésicants, la cautérisation actuelle, plusieurs fois appliqués, ne produisent le plus souvent que des améliorations passagères ou qui permettent seulement l'emploi à un léger service ; mais ne donnent que très rarement et peut-être jamais de guérisons parfaites.

Ordinairement la boiterie persiste, quelquefois moins accusée, d'autres fois plus accentuée, quels que soient les moyens employés. A cette affection, vient fréquemment s'ajouter, au bout d'un temps plus ou moins long, la complication non moins grave de bouleture, contre laquelle on est complètement désarmé, la ténotomie ne donnant en général qu'un mieux temporaire. De sorte que l'animal atteint de nerf-férure devient, dans la majorité des cas, incapable d'un travail rémunérateur ; après un temps très long, quelquefois des années de traitement pendant lesquelles il ne rend que des services insignifiants, il est livré à l'équarrissage ou à la boucherie.

Dans ces conditions, on se trouve en présence d'un grave accident contre lequel on ne connaissait pas de bon moyen de traitement. Il s'en présente un : « *la névrotomie médiane* » ; eh bien ! sans craindre de jeter des perturbations inutiles dans la pathologie, puisque, sans contestation possible, il est supérieur à tous les autres antérieurement mis à l'épreuve, il doit être accepté à bras ouverts par la chirurgie vétérinaire.

La mésoneurectomie doit être employée avec un certain discernement contre la nerf-férure. Ainsi, il serait certainement téméraire d'en faire usage dès le début de l'affection, un ramollissement et une déchirure complète des tendons seraient possibles. De plus, les traitements connus donnant dans certains cas un résultat suffisant pour utiliser les malades au pas, il est prudent d'attendre quelque temps. J'estime qu'environ quatre semaines après le début de la boiterie on peut opérer sans avoir à redouter des accidents rapides du côté des tendons et, à cette époque aussi, on est déjà un peu fixé sur l'efficacité des moyens utilisés. On doit se garder de trop retarder l'opération, car quelquefois la bouleture apparaît rapidement et si la névrotomie médiane ne fait pas disparaître cette complication, je suis persuadé, qu'en déterminant l'appui franc du membre opéré sur le sol, elle peut en empêcher la manifestation.

L'excision du nerf médian m'a donné des résultats immédiats plus accentués lorsque la nerf-férure siège dans la partie supérieure des tendons.

La mésoneurectomie donnera encore de bons effets dans le cas de tendinite coexistant avec une forme siégeant au côté interne.

4° *Périostose du boulet.* — Sur un cheval d'expérience, atteint de périostose du boulet (à la suite probablement d'un effort de cette articulation) contre laquelle on avait appliqué un feu en raies et qui provoquait une forte boiterie, la névrotomie médiane, faite le 4 décembre 1892, n'a produit aucun effet immédiat. Il est vrai que la boiterie aurait pu disparaître dans la suite.

Quoi qu'il en soit, l'expérience n'était pas encourageante et malgré cela, le 9 août 1894, avec Congis, vétérinaire à Crépy-en-Valois, j'ai pratiqué, dans cette localité, la section du médian contre une énorme périostose du boulet, due à une arthrite déterminée par un coup de fourche reçu en 1891 (Observation XVI). La boiterie extrêmement forte était aussi accusée après l'opération qu'avant.

Au commencement de novembre 1894, Congis m'apprit que la claudication avait dans la suite beaucoup diminué et que l'animal avait repris un petit service qu'il était incapable de faire avant l'intervention.

En même temps, le même vétérinaire me fit savoir que le 9 septembre 1894 (Observation XVII) il avait fait avec un plein succès, sur une jument lui appartenant, la mésoneurectomie contre une périostose du boulet datant de plusieurs années et déterminant une forte boiterie.

Enfin, le 3 novembre 1894 (Observation XVIII) j'ai moi-même eu recours avec avantage à la névrotomie médiane contre la même affection.

Ces faits prouvent que la section du médian peut donner de bons résultats contre la périostose du boulet et indiquent de l'opposer à la claudication qu'elle occasionne quand tous les moyens ordinaires de traitement ont échoué.

Les remarquables effets de la mésoneurectomie contre la nerf-férure et la périostose du boulet peuvent étonner, car les connaissances anatomiques (voir plus loin l'anatomie) apprennent que le cubito-cutané concourt pour une petite part dans l'innervation des tendons et du boulet.

On doit s'incliner devant les faits cliniques.

On peut toutefois les expliquer en admettant que par la section du nerf médian on obtient une atténuation suffisante de la sensibilité pour faire disparaître la boiterie due à la nerf-férure et à la périostose du boulet, mais qu'on n'anéantit pas complètement l'innervation des tendons et de l'articulation métacarpo-phalangienne. C'est heureux et c'est ce qui explique la rareté des accidents à la suite de la névrotomie médiane.

5° *Périostose du genou.* — La mésoneurectomie me paraissait aussi devoir agir avantageusement contre la périostose de l'articulation carpienne. Sur un cheval d'expérience, dont un genou cerclé déterminait une très forte boiterie, la claudication fut aussi accusée après qu'avant l'opération pratiquée le 4 décembre 1892. On peut opposer que la boiterie aurait pu disparaître plus tard. Peut-être, comme l'a dit Moussu, cet insuccès est-il dû à ce que la majorité des filets nerveux péricarpiens (divisions se rendant aux synoviales, aux ligaments et à tous les tissus sous-cutanés) sont fournis surtout par les nerfs cubital et musculo-cutané.

Néanmoins, aussitôt que j'en aurai l'occasion, je renouvellerai cliniquement cet essai.

Anatomie chirurgicale de la région. — Avant de décrire la mésoneurectomie, il est indispensable de jeter un coup d'œil sur l'anatomie de la région où elle se pratique.

Peters et Goldmann n'ont pas donné cette anatomie. Dans ma première communication, j'ai, après de nombreuses dissections, décrit chirurgicalement le lieu où se fait la section du médian. Baldoni et Bossi ont fait l'anatomie descriptive des deux nerfs principaux (médian ou cubito-plantaire et cubital ou cubito-cutané) du membre antérieur.

L'anatomie chirurgicale étant la seule réellement utile, je vais la reproduire telle que je l'ai primitivement donnée, en insistant toutefois un peu plus sur la description des nerfs.

La région où se pratique la névrotomie médiane, située à la partie supérieure et interne de l'avant-bras, peut être limitée en haut par l'ars, en bas par la réunion du tiers supérieur au tiers moyen de l'avant-bras, en avant par la peau qui recouvre le bord interne du radius, en arrière par la peau qui recouvre le bord interne du fléchisseur interne du métacarpe.

Elle peut être divisée en trois couches superposées : (I) une couche superficielle, (II) une couche moyenne, (III) une couche profonde.

I. Couche superficielle (*fig.* 6 et 1). Elle comprend : 1° la peau (P), 2° la partie inférieure et postérieure du sterno-aponévrotique (SA) et son aponévrose (A. s. a).

1° *Peau.* — Elle est fine et très mobile, elle devient plus épaisse en bas et en avant ; en haut, elle forme des plis plus ou moins nombreux suivant les sujets ; les poils y sont en général peu abondants, longs et fins.

2° *Partie inférieure et postérieure du sterno-aponévrotique et son aponévrose.* — Sous la peau, à laquelle elle est unie par un tissu conjonctif dense et serré, se trouve la partie inférieure du sterno-aponévrotique qui se présente sous la forme de fibres rouge pâle, parallèles, diri-

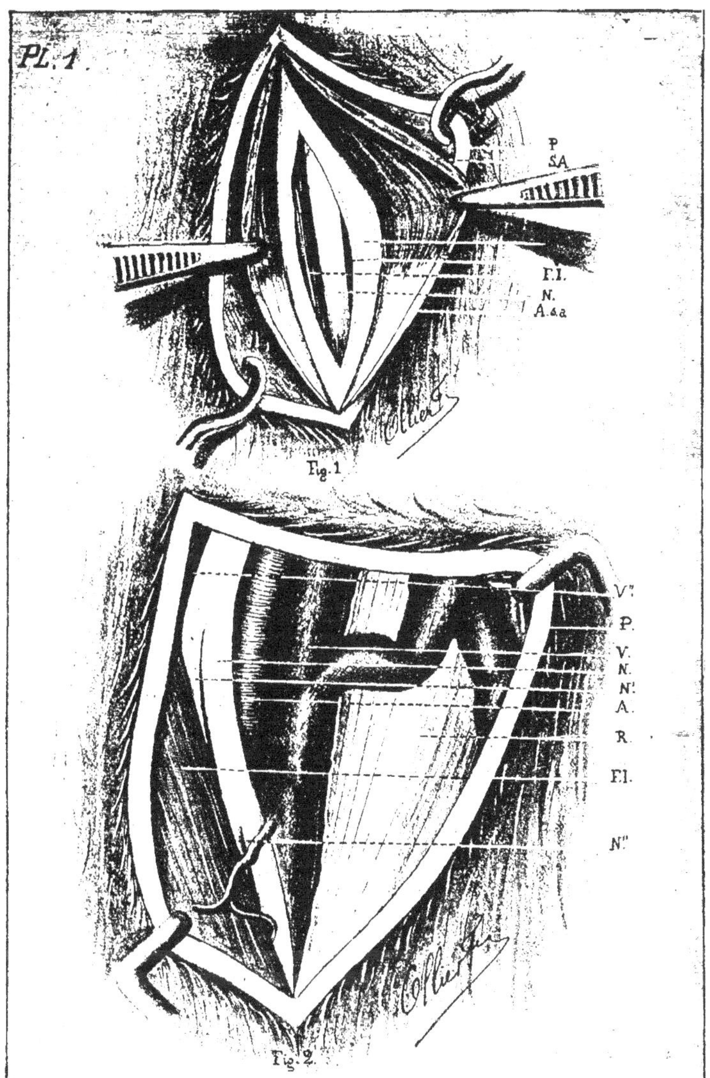

PLANCHE I.

Fig. 1. — *Couches superficielle et moyenne.* — A*b*, aponévrose antibrachiale ; A*sa*, aponévrose terminale du muscle sterno-aponévrotique ; F*i*, muscle fléchisseur interne du métacarpe ; N, nerf médian ; P, peau ; SA, muscle sterno-aponévrotique ; V, veine radiale postérieure.

Fig. 2. — *Couche profonde.* — A, artère radiale postérieure ; F*i*, muscle fléchisseur interne du métacarpe ; N, nerf médian ; N'N", branches nerveuses postérieures ; P, peau ; R, radius ; V. V", veines radiales postérieures.

gées dans le sens du membre. Ce muscle s'épaissit en haut, s'amincit en bas, pour se terminer, à 6 ou 10 centimètres au-dessous de l'extrémité supérieure du radius par une aponévrose très mince qui lui fait suite inférieurement. D'où l'indication immédiate de ne pas faire l'opération trop haut pour avoir une faible épaisseur de muscle à inciser.

II. **Couche moyenne** (*fig.* 1). — Elle est formée par l'aponévrose antibrachiale (Ab).

Aponévrose antibrachiale. — Très forte, très résistante, d'un blanc nacré ; elle entoure l'avant-bras en formant une gaine aux muscles. Elle s'attache sur le bord interne du radius. Sa face externe est unie à la face interne du sterno-aponévrotique par du tissu conjonctif dense et abondant divisé en plusieurs couches. — Aussitôt que le sterno-aponévrotique est remplacé inférieurement par son fascia, le tissu conjonctif disparaît presque complètement, il est très serré et les deux aponévroses sont intimement unies l'une à l'autre.

III. **Couche profonde** (*fig.* 2, 3,4 et 5). — Elle est constituée par : 1° (en avant), la partie supérieure du bord interne du radius (R) avec le ligament latéral interne de l'articulation huméro-radiale ; 2° (en arrière), la partie supérieure du bord interne du fléchisseur interne du métacarpe (Fi) ; (au milieu) : 3° le nerf médian (N), 4° l'artère radiale postérieure (A), 5° les veines radiales postérieures (V.V'.V").

1° *Radius et ligament latéral interne de l'articulation huméro-radio-cubitale.* — A la partie interne de l'extrémité supérieure du radius, on rencontre en avant la tubérosité bicipitale qui sert d'attache au biceps ; en arrière de cette tubérosité et à la même hauteur, on remarque des irrégularités où s'insère le ligament interne de l'articulation. Ces irrégularités sont très importantes, car elles servent à déterminer le lieu d'élection de l'opération.

Plus bas, le bord interne de l'os, épais et arrondi, est en contact médiat avec la peau.

Le ligament latéral interne de l'articulation du coude, qui va de l'humérus au radius, est intéressant parce qu'il est recouvert par le nerf médian, l'artère et les veines radiales postérieures.

2° *Fléchisseur interne du métacarpe.* — Ce muscle, situé contre la face postérieure du radius, est allongé de haut en bas et renflé dans sa partie moyenne. Il sert à fléchir le canon. Quand il est découvert, il présente une couleur rouge foncé et des fibres dirigées verticalement.

3° *Nerf médian ou cubito-plantaire.* — Il se détache de la partie postérieure du tronc du plexus. C'est le nerf satellite de l'artère humérale, puis d'une de ses divisions terminales, la radiale postérieure.

Accompagné de cette artère, il passe à la face interne de l'articulation du coude, puis des tubérosités supérieures et internes du radius. Arrivé à 5 ou 6 centimètres au-dessous de la marge articulaire de cet os, il s'enfonce entre sa face postérieure et le bord antérieur du fléchisseur interne du métacarpe avec lequel il est alors fortement accolé. On peut donc déjà indiquer qu'il convient de pratiquer l'opération assez haut pour saisir le nerf avant sa pénétration entre l'os et le muscle.

Un peu au-dessus du carpe, le médian se bifurque pour constituer les nerfs métacarpiens. Il forme entièrement le nerf métacarpien interne, tandis que l'externe est constitué par la réunion d'une de ses branches terminales avec une branche terminale du cubito-cutané.

Sous l'articulation du coude, il s'échappe du cubito-plantaire une, rarement deux branches (deux dans la *fig.* 2 : N'. N'') qui se portent en dehors et en arrière dans le fléchisseur interne du métacarpe et dans les fléchisseurs des phalanges. Cette branche, (la haute quand il y en aura deux) devra, comme on l'a vu aux indications, être respectée en faisant la section suffisamment bas.

Plus bas, plusieurs divisions nerveuses émanent du médian pour innerver les muscles de la région antibrachiale postérieure. De même, les nerfs métacarpiens laissent échapper de minces filets qui se rendent dans le genou, les tendons des fléchisseurs des phalanges et le boulet. L'interne envoie, vers le milieu du canon, une division sous-cutanée à l'externe.

Enfin, au niveau du boulet, les nerfs métacarpiens prennent le nom de nerfs plantaires et fournissent plusieurs branches antérieures et postérieures qui innervent les différentes parties de la région phalangienne.

4° *Artère radiale postérieure.* — C'est une des divisions terminales de l'artère humérale dont elle continue la direction. Elle est toujours située un peu plus profondément que le nerf qu'elle accompagne.

5° *Veines radiales postérieures.* — Elles sont la continuation des veines métacarpiennes. Au nombre de trois ou quatre, souvent anastomosées entre elles, elles montent à la face postérieure du radius en accompagnant et enveloppant d'un faisceau veineux l'artère radiale postérieure et quelquefois le nerf médian.

Elles concourent à former la veine humérale en se réunissant, vers la partie inférieure du bras, avec les autres veines antibrachiales.

Rapports entre le nerf, l'artère et les veines. — Au niveau du ligament latéral interne de l'articulation du coude, on trouve, en allant d'avant en arrière une veine radiale postérieure, l'artère radiale postérieure, le nerf médian et une deuxième veine radiale postérieure (*fig.* 2). En descendant, à quelques centimètres au-dessous de ce point, tous ces organes disparaissent entre le radius et le fléchisseur interne du métacarpe. C'est d'abord la veine située en arrière du nerf qui s'enfonce sous le muscle, puis l'artère radiale postérieure, qui passe à cet effet sous le médian, ensuite la veine qui est en avant du nerf sous lequel elle passe également, enfin le cubito-plantaire lui-même qui, inférieurement, reste en général superficiel sur

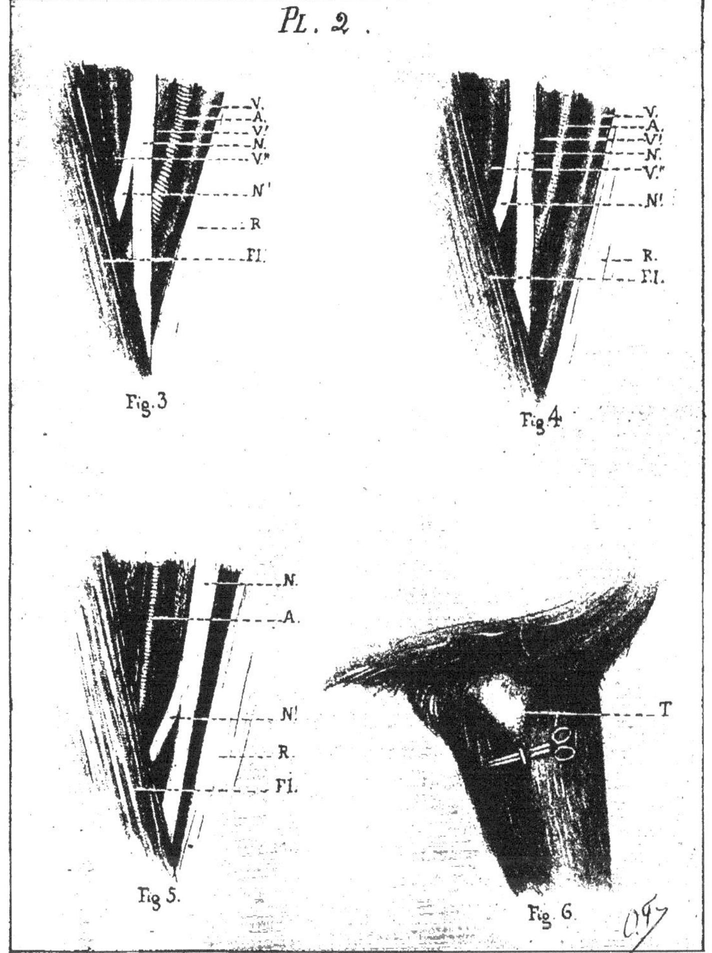

PLANCHE II.

Fig. 3, 4 et 5. — *Couche profonde (particularités).* — (Les veines ne sont pas représentées dans la figure 5). A, artère radiale postérieure; *Fi*, muscle fléchisseur interne du métacarpe; N, nerf médian; N', branche nerveuse postérieure; R, radius; V, V', V", veines radiales postérieures.

Fig. 6. — *Troisième temps de l'opération.* — T, exubérance formée par la tubérosité interne et supérieure du radius.

une plus grande longueur ; et c'est heureux, car on risque moins de blesser les vaisseaux.

Au point où l'on doit faire la névrotomie, c'est-à-dire à l'endroit où le nerf disparaît, celui-ci est d'abord intimement accolé à la face postérieure de la veine située en avant, puis à sa face supérieure ; l'artère est recouverte par ces deux organes.

Plus bas, entre l'os et le muscle, on trouve, en allant des parties superficielles vers les profondes : le nerf, la veine, l'artère (cette partie n'est pas représentée dans les figures).

Ces dispositions sont loin d'être constantes ; ainsi, dans la figure 2, la veine située en avant descend aussi bas que le nerf ; dans les figures 3 et 4, on peut remarquer trois veines : une en avant de l'artère, une entre l'artère et le nerf et enfin une entre le nerf et le fléchisseur interne du métacarpe ; de plus, dans la figure 4, la veine existant en avant disparaît la dernière sous le muscle. En descendant, elle était restée superficielle au nerf, ce qui aurait rendu la névrotomie difficile. Dans la figure 5, les rapports sont encore plus anormaux, l'artère est complètement en arrière du nerf.

Ces dispositions anatomiques ne doivent pas effrayer, car, avec un peu d'habileté et de délicatesse, on arrive à exciser le médian sans intéresser les vaisseaux qui l'accompagnent.

OPÉRATION

J'ai déjà pratiqué un très grand nombre de fois la névrotomie médiane soit expérimentalement, soit thérapeutiquement. Je m'inspirerai donc pour sa description du manuel opératoire que j'ai suivi, tout en citant les auteurs qui ont écrit sur la question lorsqu'ils donneront une manœuvre particulière.

D'abord, une première question se pose : quand un cheval est atteint, aux deux membres antérieurs, d'affections qui nécessitent l'emploi de la mésoneurectomie, peut-on opérer les deux membres le même jour ? — Je peux sans hésitation répondre affirmativement à cette question, car, trois fois (Observations IX et X, XIV et XV, XIX et XX) j'ai fait, sans inconvénient la section des deux médians en une seule séance.

Instruments et objets de pansement. — Les instruments nécessaires pour pratiquer la névrotomie médiane sont : des ciseaux courbes, deux bistouris, un convexe et un droit, une sonde cannelée, des pinces à dents de souris, des pinces à pression continue, un tenaculum, un ténotome courbe boutonné et deux érignes, le tout bien propre, préparé dans un plateau. Pour l'application du pansement, si l'on a l'intention d'en faire un, on aura à sa disposition une aiguille à suture, du fil de Bretagne ou préférablement de la soie phéniquée ou sublimée et de la gaze iodoformée. De l'ouate de tourbe, de l'ouate phéniquée et de la liqueur de van Swieten ou une autre solution antiseptique (crésyl, lysol, etc.) devront également être en quantité suffisante à la disposition de l'opérateur.

Préparation et fixation de l'animal. — La veille de l'opération, le sabot correspondant au membre boiteux sera examiné avec soin et si une affection aiguë était découverte, la névrotomie serait retardée jusqu'à sa complète guérison.

Baldoni fait, avant de coucher le cheval, l'ischémie artificielle du membre à opérer. Pour cela, celui-ci est enveloppé avec une bande élastique depuis la couronne jusqu'au niveau du coude ; ensuite on applique à cette dernière région un tube en caoutchouc fortement serré et on retire la bande. Le tube est maintenu en haut avec un ruban que l'on tire vers le garrot. L'auteur ajoute que cette manœuvre n'est pas indispensable ; c'est mon avis, je dirai même qu'elle est complètement inutile.

Le sujet, à jeun, sera couché sur le côté correspondant au membre malade.

Goldmann recommande la chloroformisation. Je n'ai jamais eu recours à l'anesthésie ; elle n'est donc pas indispensable, et, par conséquent, doit être écartée.

Pour découvrir la face interne et supérieure de l'avant-bras, on peut tout simplement entraver le membre antérieur superficiel au-dessus du jarret de son congénère latéral. C'est le moyen employé par Goldmann je m'en suis aussi servi, mais j'y ai renoncé parce qu'il ne permet pas suffisamment l'accès de la région ; on est alors exposé à faire l'opération trop bas. Peters porte en plus le membre à opérer en avant avec une plate-longe et, chez les chevaux turbulents, il le fixe au postérieur correspondant pour limiter sa projection en avant. Ce procédé doit être quelquefois à peine suffisant.

Je préfère porter le membre à névrotomiser en avant à l'aide du bâton à entravons : un des entravons est fixé au paturon de l'extrémité antérieure à déplacer et celui de la partie opposée au canon du membre postérieur du même côté. Il est bon, en même temps, d'entraver l'antérieur superficiel comme il a été dit plus haut et de tirer dans le sens de sa direction, avec une plate-longe arrêtée au paturon, l'antérieur déplacé.

Quelques opérateurs allemands se servent, pour arriver au même résultat, d'une perche qui passe sous la base de l'encolure, est fixée au canon et au paturon et est portée en avant par un ou plusieurs aides. J'ai essayé ce moyen sur des chevaux d'expérience et je m'en suis bien trouvé ; mais sur des animaux vigoureux la contention serait certainement insuffisante.

Préparation du champ opératoire. — Les poils sont coupés sur la partie supérieure et interne de l'avant-bras. La région est savonnée, aspergée avec la liqueur de van Swieten et essuyée avec un linge propre.

Bossi recommande l'anesthésie locale par des injections de cocaïne à l'endroit où se pratique l'opération. Injection de 8 centimètres cubes d'une solution de cocaïne à 4 p. 100. Puis cette injection est suivie d'un peu de massage qui a pour but de faire pénétrer plus profondément et plus largement le liquide. Avant de commencer la dissection du nerf il indique en outre de répandre un peu de cocaïne dans la plaie. Ces moyens, dit-il, rendent de grands services en diminuant la sensibilité du médian.

Je suis de cet avis ; mais il paraît que la cocaïne ralentit la cicatrisation des plaies. Dans ces conditions, on ne doit y avoir recours que sur les sujets très excitables. Cette anesthésie avait déjà été préconisée pour pratiquer les névrotomies plantaires (De Jong, 1889).

Lieu d'élection. — Je ne mentionnerai pas les lieux d'élection donnés par Baldoni puisqu'ils sont inutiles ; je dirai simplement qu'en dehors des trois points où il indique de sectionner le cubito-plantaire, il en préconise un quatrième plus bas, un peu au-dessus de la moitié de la face interne de l'avant-bras. C'est, dit-il, à cet endroit que la plus grande difficulté se rencontre, parce que le nerf est situé profondément.

Je partage cette opinion et ce point doit être abandonné.

Le lieu d'élection doit être déterminé en hauteur et d'avant en arrière.

1° *En hauteur.* — Comme on l'a vu à l'anatomie de la région, l'opération doit être faite, à mon avis, assez bas pour éviter une grande épaisseur du sterno-aponévrotique ainsi que l'incision de la branche nerveuse des fléchisseurs, et suffisamment haut, toutefois, pour atteindre le médian avant sa pénétration entre l'os et le muscle. Par conséquent, le nerf doit être excisé au point où il va disparaître profondément.

Eh bien ! ce point se trouve immédiatement au-dessous de l'éminence arrondie formée supérieurement par l'articulation du coude et inférieurement par la tubérosité bicipitale et les irrégularités qui la continuent en arrière (*fig.* 6). L'incision devra donc commencer immédiatement au-dessous de la terminaison de cette éminence et se continuer par en bas. Sur les gros chevaux, on la fera un travers de doigt au-dessous.

2° *D'avant en arrière.* — Ici, le lieu d'élection est plus facile à indiquer; quand on a trouvé le premier, il suffit de chercher le bord postérieur du radius; on pratique l'incision immédiatement en arrière et dans le sens de ce bord. Je recommande l'incision un peu en arrière de l'os pour éviter la blessure de la veine qui existe presque toujours en avant du nerf.

On a encore, pour faciliter la recherche de l'endroit où l'opération doit être faite, la perception de l'artère radiale elle-même que l'on sent très bien sur les animaux fins. Ainsi, l'incision aura lieu au point où l'on sent le plus inférieurement le vaisseau.

Peters et Goldmann donnent comme point de repère l'endroit où l'on perçoit le pouls de l'artère radiale postérieure. Cette détermination n'est pas assez précise, car, sur la plupart des chevaux, le pouls est perceptible sur une longueur de 8 à 10 centimètres. C'est à l'endroit où l'on sent le plus inférieurement le pouls que se trouve le véritable lieu d'élection.

Manuel opératoire. — Pour faciliter la description du manuel, je le diviserai en trois temps :

1° Incision de la peau et du sterno-aponévrotique;
2° Incision de l'aponévrose antibrachiale;
3° Dissection et excision du nerf.

Premier temps : Incision de la peau et du sterno-aponévrotique. — L'opérateur se place en avant du membre à opérer. La peau étant tendue au niveau du lieu d'élection, il la sectionne avec un bistouri convexe bien tranchant. L'incision commence au point indiqué plus haut et se prolonge en bas, dans le sens du membre, sur une longueur de 3 à 4 centimètres.

On aperçoit immédiatement le sterno-aponévrotique, dans lequel une ouverture semblable à celle de la peau est pratiquée. Ce muscle est plus ou moins épais, suivant qu'il descend plus ou moins bas, ce qui varie avec les sujets. Ordinairement, il est assez mince, et l'incision commence sur la partie musculaire pour se terminer au point où celle-ci est remplacée par l'aponévrose. Quelquefois, la fenêtre ne va pas jusqu'à l'extrémité des fibres musculaires, et d'autres fois, au contraire, elle descend plus bas.

Pendant l'exécution de cette manœuvre, il se produit une petite hémorragie qui s'arrête bientôt.

A ce moment, on écarte les lèvres de la plaie avec deux érignes, une de chaque côté, tenues par des aides.

Peters n'a pas recours à ces instruments; à l'aide d'une aiguille, il passe un ruban de chaque côté de l'incision du muscle. Il rend la plaie béante en faisant tirer sur ces rubans, l'un en avant, l'autre en arrière et un peu en bas pour arrêter l'hémorragie.

Baldoni se sert, pour arriver au même but, d'érignes spéciales à branches multiples, que l'on peut comparer à de petites fourchettes dont un ou deux centimètres de l'extrémité active auraient été recourbés en forme de crochet.

Ces instruments me paraissent pratiques et dignes d'être mis à l'épreuve.

Le tissu conjonctif qui recouvre l'aponévrose antibrachiale est saisi avec des pinces et sectionné ; celle-ci apparaît alors avec sa belle teinte blanc nacré.

Deuxième temps : Incision de l'aponévrose antibrachiale. — Une ouverture semblable à celle qui existe dans la peau et le sterno-aponévrotique est faite dans l'aponévrose antibrachiale lorsque le sang a cessé de s'écouler.

Cette manœuvre est assez délicate, car pendant son exécution, il faut éviter la blessure des veines radiales postérieures qui rendrait très difficile la suite de l'opération. On la mène à bien en faisant l'incision un peu en arrière et en soulevant, à l'aide de pinces à dents de souris, l'aponévrose que l'on sectionne dans cette position, soit avec un bistouri, soit, comme l'indique Peters, avec des ciseaux.

Goldmann emploie ici le manuel suivant : Il fait à la partie inférieure de l'incision une ponction superficielle dans l'aponévrose antibrachiale, juste assez grande pour pouvoir introduire un ténotome courbe boutonné, avec lequel il divise l'aponévrose (le tranchant de l'instrument tourné en haut), suivant la longueur de l'incision cutanée.

Ce procédé est commode, je m'en suis plusieurs fois servi, cependant il n'est pas indispensable.

Lorsque le deuxième temps est terminé, on aperçoit la teinte rouge foncé du fléchisseur interne du métacarpe; on reconnaît alors qu'on est arrivé au point où l'on doit rechercher le nerf; tant que l'on a du tissu blanc aponévrotique sous les yeux, inutile de penser à le trouver.

Troisième temps : Dissection et excision du nerf. — En même temps que le muscle, souvent on aperçoit en avant le nerf, que l'on reconnaît à sa teinte blanche, à sa forme aplatie, à sa structure filamenteuse, à sa sensibilité. Ordinairement, on voit aussi une grosse veine noire en avant du médian qui est accolé à sa face postérieure, puis plus bas à sa supérieure.

L'artère reste presque toujours cachée par le nerf et la veine; cependant, quelquefois, on la distingue très bien. Le tissu conjonctif qui recouvre le cubito-plantaire est saisi à l'aide de pinces et lentement sectionné avec un bistouri droit bien tranchant. Pendant cette manœuvre délicate, les veines radiales seront évitées avec soin. La sonde cannelée peut aussi servir à isoler le nerf.

Lorsque la dissection de ce dernier est suffisante, on le soulève légèrement et on le charge sur des ciseaux courbes introduits d'avant en arrière (*fig.* 6). Cet instrument peut être remplacé par une sonde cannelée mousse dont l'extrémité a été recourbée en forme de crochet, ou préférablement encore par un tenaculum également bien arrondi. Ce dernier est surtout recommandable ; maintenant, je m'en sers toujours pour l'exécution de cette partie de l'opération, car il permet la préhension du médian sans avoir recours au bistouri, assez dangereux pour la région vasculaire où l'on agit.

Quand on a utilisé les ciseaux, ceux-ci étant à plat, on leur fait décrire sur eux-mêmes près d'un demi-tour, de façon à les mettre presque sur champ. On peut alors introduire, sous la partie supérieure du cubito-plantaire isolé, le bistouri droit ou plutôt le ténotome courbe boutonné, dont le tranchant, dirigé vers le sternum, sectionne d'un seul coup l'organe. Si l'on a employé la sonde recourbée ou le tenaculum, il suffit de soulever un peu l'instrument pour introduire le bistouri ou le ténotome sous le nerf et l'inciser.

L'about inférieur qui est rentré dans la plaie est saisi avec des pinces et excisé sur une longueur d'environ 2 centimètres.

Les auteurs allemands et italiens introduisent, à l'aide d'une aiguille mousse, un fil de soie sous le médian ; ils lient celui-ci, puis le soulèvent et le sectionnent d'abord au-dessus et ensuite au-dessous de la ligature.

Il est difficile, par suite des réactions violentes de l'opéré et du danger de blessure des vaisseaux, de maintenir, comme dans la névrotomie plantaire, le nerf avec les pinces et de le sectionner dans cette position.

Quelquefois on est un peu trop bas, et l'on n'aperçoit que le fléchisseur interne du métacarpe ; se rappeler alors que le cubito plantaire est, à cet endroit, fortement accolé au bord antérieur de ce muscle. Dans ce cas, pendant la dissection, il ne faut pas confondre la veine avec le muscle ; l'incision de la première serait funeste.

En exécutant toutes ces manœuvres, il est impossible de prendre la veine pour le nerf.

On différenciera l'artère du médian à ce que la première

est arrondie et d'une teinte rose pâle. Pour que ces particularités soient apparentes, le vaisseau doit être au fond de la plaie; lorsqu'il est tiré à l'extérieur ou chargé sur les ciseaux, par suite de la tension, sa forme arrondie, sa teinte rose pâle disparaissent, et une confusion avec le nerf est possible. Il est vrai que l'on a encore pour différencier, l'insensibilité de l'artère et la perception du pouls en haut. Le diagnostic entre le nerf et l'artère doit donc être fait alors que ces organes sont au fond de la plaie. Ceci est, en général, applicable à toutes les névrotomies.

Pansement. — La plaie est soigneusement détergée avec la liqueur de van Swieten. Au début, j'avais recours à un petit pansement; j'introduisais un peu de gaze iodoformée dans le trauma et je l'y maintenais avec deux ou trois points de suture à la peau. Il serait certainement possible de n'employer que la suture de la plaie cutanée que l'on recouvrirait de collodion iodoformé et ainsi de réunir, à l'aide d'une rigoureuse antisepsie, toutes les conditions nécessaires pour obtenir la cicatrisation par première intention. — Celle-ci s'observe souvent à la suite des névrotomies plantaires, particulièrement des hautes et des basses externes. Pour les basses internes, l'action de remettre l'entravon pour retourner le cheval, tout en protégeant la plaie, est souvent suffisante pour empêcher la réunion immédiate. Du reste, Goldmann, après la névrotomie du médian, a obtenu dans deux cas la cicatrisation *per primam* en faisant une désinfection continuelle avant et pendant l'opération, en fermant la plaie avec une suture à épingles et enfin en l'enduisant de collodion. Maintenant, je n'emploie plus ni pansement ni suture; après le lavage de la plaie, je la recouvre d'iodoforme et la cicatrisation en est plus rapide. Goldmann avait déjà avantageusement eu recours à ce moyen, qui est le plus simple et le meilleur.

Peters fait un petit pansement sous-cutané avec de l'ouate.

Baldoni, après le lavage de la plaie, applique dans celle-ci un drain et des points de suture à la peau pour le maintenir. Ce drainage est complètement inutile et doit retarder la cicatrisation.

Bossi fait au catgut une suture à points continus sur le sterno-aponévrotique et une suture cutanée à points séparés ou entortillée. — Il ne met pas de drain dans la plaie opératoire ; mais il fixe sur celle-ci un pansement plat maintenu par de nombreux tours de gaze dextrinée et ne le renouvelle qu'après trois ou quatre jours. Ce dernier pansement est certainement inutile.

Effets immédiats. — 1° *A l'exercice*. — Presque toujours, même au trot, aussitôt après l'opération, on constate une grande diminution, et souvent une disparition complète de la boiterie. Sur tous les chevaux que j'ai opérés pour la nerf-férure, ce résultat immédiat n'a fait défaut qu'une seule fois (Observation XIII), et malgré cela la claudication a complètement disparu dans la suite. Ce dernier fait ne doit pas étonner, car il est assez fréquent après les névrotomies plantaires.

Pour la périostose du boulet, sur trois opérations employées thérapeutiquement, il y a eu disparition complète de la boiterie chez deux chevaux ; chez le troisième, elle a simplement diminué et seulement quelques jours après.

2° *Au repos*. — L'animal rentré à l'écurie se soutient presque continuellement sur le membre opéré qui n'est plus, comme avant l'intervention, porté en avant et souvent soustrait à l'appui. Jamais je n'ai vu ce résultat manquer. Lorsque le sujet est atteint de nerf-férure aux deux membres antérieurs et qu'on opère seulement le côté le plus malade, l'effet est encore plus frappant. Avant l'opération, c'était naturellement l'extrémité la moins atteinte qui, à l'écurie, supportait le plus fréquemment le corps. Eh bien ! aussitôt que le médian est coupé, le contraire a lieu : le membre opéré est presque toujours à l'appui, tandis que l'autre reste au repos en avant de la ligne d'aplomb. — Ce phénomène a été très remarquable à la suite de la deuxième névrotomie et des quatrième et cinquième. Il n'a pas été interrompu plus tard malgré l'inflammation provoquée par la réparation de la plaie opératoire.

Soins ultérieurs. — Si, comme je le recommandais au début, on a fait un petit pansement à la gaze iodoformée, le lendemain, après avoir retiré les points de suture, on le lève et la plaie est traitée à découvert. Chaque jour, elle est soigneusement nettoyée avec la liqueur de van Swieten ou toute autre solution antiseptique, puis recouverte d'iodoforme et de vaseline phéniquée jusqu'à sa complète guérison. — Quand la température le permet, on douche l'avant-bras, surtout s'il survient de l'engorgement.

Lorsqu'on n'a pas fait de pansement, les soins sont les mêmes, sauf qu'on n'a pas naturellement à lever celui-ci.

Goldmann, dans les cas où pour obtenir la cicatrisation immédiate, il avait appliqué une suture à épingles, a vu quelquefois, au bout de trois jours, ces dernières soulevées par du pus, et a dû immédiatement instituer le traitement des plaies découvertes. — Si, dans le même but, on employait une simple suture cutanée, on devrait veiller à cette suppuration possible et retirer les fils aussitôt qu'elle apparaîtrait.

Sauf Goldmann qui recommande simplement de promener les chevaux au bout de quatorze jours, les auteurs étrangers ne donnent pas les précautions à prendre pour remettre les opérés en service. Après quelques tâtonnements, je me suis arrêté aux indications suivantes : quinze jours de repos absolu, huit jours de promenade en main et au pas, huit jours d'un très léger travail, huit jours de demi-travail, après quoi les animaux peuvent être remis à leur service habituel.

Le chômage n'est donc pas excessif, puisqu'il ne comprend que quatre semaines environ.

Pendant les trois mois qui suivent l'opération, le pied est ferré avec soin et attentivement surveillé pour pouvoir arrêter au début les manifestations morbides qui peuvent y survenir.

Effets consécutifs. — Le lendemain de la névrotomie, il existe un petit engorgement autour du trauma opératoire ; les jours suivants, il diminue à cet endroit pour descendre au genou, d'où il disparaît après dix ou douze jours. La plaie, soignée comme il a été dit précédemment, se cicatrise rapidement ; en quinze jours environ elle est complètement fermée.

Chez quelques animaux, on constate le lendemain de l'opération une gêne pour entamer le terrain avec le membre névrotomisé ; il se porte lentement et peu en avant en même temps que la pince rase le tapis. Ce phénomène n'empêche pas l'appui franc à l'écurie. La gène disparaît après quelques jours ; elle est due à l'inflammation consécutive à l'intervention, mais surtout à l'incision du sterno-aponévrotique, car j'ai remarqué qu'elle est d'autant plus accusée que le muscle a été intéressé plus haut.

Après le temps nécessaire, les sujets remis en service, même au trot ne boitent pas.

Les effets ne sont complets qu'au bout de deux mois environ. C'est-à-dire, que jusqu'à cette époque, les opérés, tout en travaillant sans présenter de claudication, deviennent de plus en plus à l'aise dans leurs allures.

Goldmann dit avoir observé après toutes les sections du médian, une plus forte croissance de la corne du sabot correspondant.

On peut se demander s'il n'y a pas là une idée préconçue, car si, d'un côté Brauell (1857) prétend que « *la corne pousse d'autant plus vite que le pied est plus complètement névrotomisé* », d'un autre côté, Chauveau (1853), après avoir sectionné en haut de l'avant-bras tous les rameaux nerveux se rendant dans la partie inférieure du membre, constate seulement que « *cette névrotomie aussi complète que possible n'a nui en rien aux actions nutritives et sécrétoires du derme* ». Comény (1887) arrive aux mêmes conclusions à la suite d'expériences faites sur la névrotomie haute ; on peut ajouter que les praticiens français n'ont jamais parlé de cette augmentation de la pousse de la corne à la suite de cette dernière opération.

Enfin, après la mésoneurectomie, je n'ai jamais constaté, et j'observe des animaux depuis près de deux ans, une plus forte croissance de la corne du sabot.

Cette particularité, qui en somme n'a aucune importance, ne doit donc pas être discutée plus longuement.

Accidents. — Ries et Hendrickx ont constaté à la suite d'une névrotomie pratiquée à Cureghem sur le cubito-plantaire un accident ayant pris la forme de fourbure chronique d'après le premier, et ayant atteint d'après le second le pied et les tendons. Quels qu'ils soient, ces accidents on été très graves puisque l'animal a dû être sacrifié.

Peut-être avaient-ils eu un coup pour point de départ? Quoiqu'il en soit, on peut dire que le chirurgien belge n'a pas été favorisé, car sur 61 cas de névrotomies médianes que je connais, je ne relève que cet accident grave (c'est par erreur que sur ma deuxième communication on signale deux accidents).

Au début, je craignais le ramollissement des tendons et des ligaments, la chute du sabot, les plaies rebelles à la cicatrisation ; mais aujourd'hui je suis complètement rassuré, car, sauf le cas cité plus haut, ces accidents n'ont pas été observés.

Du reste, lors même qu'on aurait vu quelques déchirures tendineuses, il n'aurait pas été certain qu'elles auraient été la conséquence de la mésoneurectomie, car il est prouvé que lorsqu'on garde longtemps un cheval atteint de nerf-férure sans être névrotomisé, il peut survenir un allongement des tendons. Delpérier m'en citait dernièrement un exemple remarquable : il s'agissait d'un cheval auquel le propriétaire tenait beaucoup ; il était atteint de tendinites aux deux membres antérieurs et ne pouvait plus rendre aucun service ; depuis de longues années il ne travaillait plus. Un jour le propriétaire veut avoir une consultation du grand maître Henry Bouley, qui était alors professeur à Alfort, et il fait conduire le malade à cette École ; sur le pont de Charenton, le cheval s'arrête et tombe, les tendons des deux membres antérieurs étaient rupturés.

Enfin, on a même observé des déchirures tendineuses sans nerf-férure primitive.

Dans ma première communication j'avais rapproché de la névrotomie médiane celle du nerf sciatique pratiquée par Rousseau et rapportée à la Société centrale par Benjamin. Celui-ci a alors fait connaître un ramollissement des tendons à la suite de l'opération faite par Rousseau et a exprimé ses craintes relativement à la même complication après la mésoneurectomie. Je tiens à faire remarquer que les accidents doivent être moins rares à la suite de la section du sciatique qu'après celle du médian, car avec la première on supprime complètement l'action des deux nerfs métatarsiens et par suite des deux nerfs plantaires qui les continuent, tandis qu'avec la seconde on laisse au nerf métacarpien externe une certaine action puisqu'il est en partie formé par le cubito-cutané.

Sur 17 cas de névrotomies médianes, Goldmann a vu une fois, chez un cheval à sabots faibles, se développer consécutivement une plus forte voussure de la sole. Est-ce bien dû à l'opération ?

Weber a rapporté l'histoire d'un cheval qui, névrotomisé pour une nerf-férure, a présenté dans la suite une périostose généralisée du paturon et du canon.

Congis (Observation XIII) note, quatre mois après l'intervention, un peu d'induration dans le pli du paturon.

Il n'est pas prouvé que ces deux manifestations morbides, qui peuvent être rapprochées l'une de l'autre, soient dues à la névrotomie médiane, car, d'après les renseignements que j'ai pris, on ignore si elles n'avaient pas débuté avant l'opération. Lors même encore, qu'elles auraient pris naissance postérieurement à cette dernière, il ne serait pas certain qu'elles en seraient la conséquence, car on peut les observer sans qu'il y ait eu section du médian ; les exemples ne manquent pas, le cheval qui fait l'objet de la huitième observation en est une preuve.

Ce n'est seulement que si plus tard ces indurations deviennent fréquentes à la suite de la mésoneurectomie qu'on pourra les imputer à celle-ci.

En tout cas, ces hypertrophies ne sont pas graves, puisque d'après les renseignements directs que j'ai obtenus relativement au cheval cité par Weber, le sujet mésoneurectomisé aux deux membres a travaillé ensuite pendant près de deux ans avec les périostoses. Il vient d'être dernièrement sacrifié, non pas pour ces dernières, mais pour usure générale. Quant à l'animal dont parle Congis, il n'a pas non plus été incommodé par la légère induration du pli du paturon, puisque ce vétérinaire me le signale, au contraire comme *parfaitement guéri.*

Jusqu'à l'heure, il n'a pas encore été constaté de névromes sensibles à la suite de la mésoneurectomie, complication qui se manifeste quelquefois après la névrotomie plantaire même quand la cicatrisation immédiate a été obtenue, ce que j'ai déjà constaté.

Je dois faire remarquer que relativement à l'apparition des névromes il y a certainement une prédisposition, car j'ai pu voir un cheval atteint de quatre névromes à la suite de quatre névrotomies hautes.

Les accidents dus à la section du médian sont donc en général très rares et peu graves; cette rareté et ce peu de gravité s'expliquent par ce fait, comme je l'ai déjà dit, que l'innervation est encore partiellement conservée dans les parties inférieures du membre par le nerf cubito-cutané.

Résultats. — Pour qu'il soit plus facile de se rendre compte des résultats obtenus par la mésoneurectomie, je donne un tableau où se trouvent comprises toutes les opérations publiées jusqu'à l'heure actuelle, avec les effets qu'elles ont produits.

(*Voir le tableau à la page suivante.*)

Tableau des résultats de la Névrotomie médiane.

MALADIES	Auteur — PETERS	Résultats	Auteur — GOLDMANN	Résultats	Auteur — HENDRICKX	Résultats	Auteur — PELLERIN	Résultats	Auteur — BALDONI	Résultats	Auteur — KULL	Résultats	Auteur — BOSSI	Résultats
Nerf-férure.....	1	Guérison	»	»	»	»	11 (dont 6 sur 3 chevaux).	Guérisons	»	»	»	»	1 (au-dessus du rameau des fléchisseurs).	Guérison
Nerf-férure et lésions du paturon..........	1	Guérison	»	»	»	»	5 (dont 2 sur le même cheval).	Améliorations.	2 (probablement au-dessus du rameau des fléchisseurs).	1 guéris. 1 insucc.	»	»	»	»
Périostose du boulet... ...	»	»	»	»	»	»	3 (une opérée par Congis)	2 guéris. 1 amélioration.	»	»	»	»	»	»
Formes cartilagineuses.....	»	»	1 (côté interne)	Guérison	»	»	»	»	6	3 guéris. 2 améliorations 1 insucc.	»	»	»	»
Formes phalangiennes.......	1 (Il est seulement dit: formes).	Guérison	1	Guérison	»	»	1	Insuccès	4	3 guéris. 1 insucc.	1 (avec affection du pied non indiquée).	Guérison	»	»
Maladie naviculaire.........	2	Guérisons	14	Guérison sur 13 cas. Dans un, réapparition de la boiterie après 4 mois.	2	Un accident mortel. Pas de renseignement sur l'autre cas.	»	»	»	»	»	»	»	»
Boiterie ancienne à la suite d'un clou de rue...	»	»	1	Guérison	»	»	»	»	»	»	»	»	»	»
Boiteries de l'épaule........	»	»	»	»	»	»	»	»	3	2 guéris. (?) 1 insucc.	»	»	»	»

Par l'examen de ce tableau, on voit que l'opération pratiquée 61 fois par différents auteurs a donné contre la nerf-férure 13 guérisons dans 13 cas ; contre la nerf-férure coexistant avec des lésions du paturon, dans 8 cas, 2 guérisons, 5 améliorations et 1 insuccès ; contre la périostose du boulet, dans 3 cas, 2 guérisons et 1 amélioration ; contre les formes cartilagineuses, dans 7 cas, 4 guérisons, 2 améliorations, 1 insuccès ; contre les formes phalangiennes, dans 8 cas, 6 guérisons, 2 insuccès (il est regrettable que, relativement aux formes, les auteurs, Baldoni surtout, n'aient pas indiqué si elles existaient au côté interne ou externe, car la guérison, à moins de se contenter d'une amélioration, n'est possible que si le côté externe ne souffre pas) ; contre la maladie naviculaire, dans 18 cas, 15 guérisons, une réapparition de la boiterie après 4 mois, 1 insuccès suivi d'accident, 1 cas pour lequel on n'a pas de renseignement ; contre une boiterie ancienne à la suite d'une opération de clou de rue, sur 1 cas, 1 guérison ; enfin contre les boiteries de l'épaule, sur 3 cas, 2 guérisons (?), 1 insuccès.

La névrotomie médiane est donc réellement efficace contre la nerf-férure et opposée à la périostose du boulet elle peut rendre des services ; pour les autres affections, je ne l'ai pas suffisamment expérimentée pour établir des conclusions ; du reste, j'ai donné aux indications mon opinion à ce sujet.

Je tiens de plus à bien faire remarquer que la section du médian est compatible avec un service dur ; le cheval (Observations IV et V) auquel j'ai excisé une partie des deux cubito-plantaires et qui, malgré cela, fait depuis dix-huit mois un service exceptionnel, constitue à cet égard un exemple absolument démonstratif.

Conclusions. — Je me crois, par ce qui précède, autorisé à placer sans crainte la névrotomie médiane dans les opérations pratiques et à conseiller d'y recourir sans hésitation lorsqu'il y aura nerf-férure bien accusée ou bien périostose du boulet contre laquelle les moyens de traitement ordinaires auront été inefficaces.

Chaque fois donc que le vétérinaire praticien aura à combattre ces affections dans ces conditions, il devra pratiquer la mésoneurectomie et faire ainsi, d'un cheval de boucherie, un animal qui continuera encore à rendre de bons et longs services.

DEUXIÈME PARTIE

OBSERVATIONS SUR LA NÉVROTOMIE MÉDIANE RECUEILLIES PAR L'AUTEUR

OBSERVATION I. — Le 25 juin 1892, il a été présenté à la clinique de l'École d'Alfort une petite jument, propre au service du trait léger, sous poil bai-cerise, âgée de 7 ans, de la taille de 1m55 environ, appartenant à M. G. à Livry.

Cet animal venait d'être acheté à la Compagnie générale des Petites voitures pour la modique somme de cent et quelques francs.

Au trot et même au pas, le sujet boite très fortement du membre antérieur droit qui présente à l'examen une grave nerf-férure compliquée d'une bouleture au deuxième degré. La région tendineuse engorgée porte les traces de l'application d'un feu en pointes.

Le propriétaire me fait savoir que l'utilisation de la jument est impossible dans ces conditions et me prie d'employer un moyen, quel qu'il soit, dangereux ou non, qui détermine la disparition de la claudication.

J'avais connaissance qu'en Allemagne on pratiquait la névrotomie sur le nerf médian, au niveau de la partie supérieure du radius; pensant que c'était le cas d'y recourir, je la proposai et elle fut acceptée.

Immédiatement, l'animal est couché sur le lit de paille, entravé en position convenable et l'opération est faite.

Le sujet, qui, comme on l'a dit plus haut, boitait très fort, même au pas, aussitôt relevé ne boite plus du tout, même au trot.

Le lendemain, il existe de l'engorgement au niveau de l'avant-bras droit et l'opérée traîne un peu difficilement le membre correspondant. — Ces deux manifestations morbides disparaissent rapidement, la plaie opératoire rationnellement traitée se cicatrise en moins d'un mois et à cette époque la bouleture seule persiste.

Par suite de circonstances particulières, la jument est restée près de deux mois et demi au repos. Lorsqu'à ce moment son propriétaire en a repris possession elle était dans le même état qu'un mois après l'opération, c'est-à-dire qu'elle ne boitait plus.

Ce qui m'intéressait surtout, c'était de savoir ce qu'il adviendrait au travail. J'ai demandé des renseignements et le 28 novembre 1892, voici ce qui m'a été répondu : « *L'opération a parfaitement réussi, la jument n'a pas boité en plein service au trot, seulement le pied est resté bot* ».

Le résultat était donc aussi parfait qu'il pouvait être puisqu'il n'y avait pas à espérer la disparition de la bouleture.

Depuis, j'ai appris que l'opérée, qui appartenait à un marchand de chevaux, avait été avantageusement vendue vers le mois de mars 1893, après avoir travaillé au trot, pendant six mois, dont quatre d'hiver, sans boiter et sans qu'il se soit produit d'accident.

Ce fait constitue une *guérison*.

Observation II. — Jument normande, de gros trait rapide, âgée de 11 ans, appartenant à M. A., à Paris,

Cette bête est présentée à la clinique de l'École d'Alfort le 24 novembre 1892 ; elle est atteinte, depuis deux mois, aux deux membres antérieurs, de nerf-férures sur lesquelles des frictions vésicantes n'ont produit aucun effet. Elle est gênée des deux membres, mais boite plus fortement du droit, qui est le plus malade.

A l'écurie, la jument s'appuie tantôt sur un membre, tantôt sur l'autre, mais plus fréquemment sur le gauche, moins atteint.

La névrotomie médiane est pratiquée du côté droit, le 26 novembre 1892.

La malade ayant été laissée quelques jours au repos, la boiterie avait diminué et l'effet immédiat à l'exercice, tout en étant sensible, n'a pas pu être très accentué. Il est, au contraire, très démonstratif au repos, où c'est le membre droit opéré, le plus malade, qui, contrairement à ce qui avait lieu avant, supporte le plus souvent le poids du corps.

Les suites de l'opération sont très simples et la plaie se cicatrice en quinze à vingt jours.

Plus tard, j'ai cherché à savoir ce qu'était devenue la jument et le 26 septembre 1893 voici ce que m'a répondu le propriétaire :

« La jument ne boitait plus du tout du membre opéré ; elle a fait « un travail très dur pendant un mois et demi sur le pavé de Paris et « par la neige sans manifester la moindre souffrance ; seulement, « comme elle était prise du membre gauche, dont elle boitait de « temps en temps et comme d'un autre côté, même avant d'être boi- « teuse, elle était déjà trop faible pour le service que je lui imposais,

« je n'ai pas voulu faire les frais d'une nouvelle opération et l'ai « échangée à un marchand de chevaux qui m'a dit l'avoir vendue à « la boucherie. »

Mon confrère et ami, M. Motreff, qui avait pu suivre la malade, m'a fourni des renseignements dans le même sens :

« Elle fit, dit-il, un grand mois d'un service assez dur, sans boiter « du membre opéré. Il ne s'est pas produit de ramollissement du « tendon, accident que tu avais signalé comme possible, et cela, malgré « le service pénible qu'elle devait fournir : la preuve, c'est que cette « jument, très courageuse, s'était brisé les tendons dans les violents « efforts qu'elle faisait pour démarrer des charges trop lourdes pour « elle. Mais la boiterie du membre *non opéré* la remit sur la paille : « mon client, ne voulant pas faire les frais d'une nouvelle névrotomie, « la vendit à un marchand de chevaux qui la revendit à la boucherie.

« Aujourd'hui, la bête est morte. Mais ce que je puis t'affirmer, c'est « que l'opération avait réussi, et que si, dans ma clientèle, je trou- « vais une bête de valeur atteinte de nerf-férure ancienne, je n'hési- « terais pas à y recourir. »

C'est encore ici une *guérison*.

On pourra objecter que la jument a été vendue puis livrée à la boucherie. La vente est suffisamment expliquée par les deux lettres qui précèdent. Quant au sacrifice pour la boucherie, il est dû à ce que, dans le public et particulièrement chez les marchands de chevaux, la nerf-férure est considérée, surtout lorsqu'elle siège sur les deux membres antérieurs, comme une affection absolument incurable. Ces idées, si justes depuis si longtemps, ne peuvent pas disparaître du jour au lendemain.

Observation III. — Le 8 décembre 1892, je pratique à l'École d'Alfort la mésoneurectomie sur un cheval bai, de gros trait rapide, appartenant à M. G. à Paris.

Le sujet était atteint, depuis plusieurs mois, au membre antérieur gauche, de périostose de la couronne compliquée de nerf-férure très grave et de bouleture qui déterminaient une boiterie excessive; l'animal marchait presque à trois membres. La cautérisation appliquée sur la région tendineuse n'avait donné aucun résultat.

Aussitôt après l'opération, le malade exercé au trot une première fois, n'a presque pas boité; une deuxième fois, il a boité un peu plus fort; à une troisième épreuve, même claudication assez forte, mais beaucoup moins accusée qu'avant la névrotomie. La plaie faite au sterno-aponévrotique était probablement la cause de cette réapparition de la boiterie.

A l'écurie, le cheval s'appuie franchement sur le membre opéré.

La cicatrisation de la plaie est complète en 15 à 20 jours.

Au 1er janvier 1893, au moment où j'ai quitté l'École, l'animal boitait très peu.

J'ai appris depuis que vers la fin de janvier 1893, la claudication était à peine apparente, mais que sur le conseil d'un vétérinaire, le sujet avait été vendu avant d'avoir travaillé.

Il m'a été impossible de retrouver l'opéré.

La vente immédiate, sur le conseil d'un vétérinaire, ne m'effraie pas outre mesure, car il faut du temps pour que le vétérinaire s'habitue à voir dans la mésoneurectomie une opération efficace contre la nerf-férure.

Bien que l'animal n'ait pas été suivi au travail, ce fait peut constituer une guérison incomplète ou *amélioration*.

Observations IV et V. — Il s'agit d'un cheval entier, de gros trait, sous poil noir, âgé de 7 ans, appartenant à M. Laigneau à la Plaine-Saint-Denis.

Le sujet a été acheté au mois d'août 1892 pour la somme de 1000 francs ; après avoir été utilisé pendant un ou deux mois comme limonier, il a commencé à boiter, par suite de nerf-férures aux deux membres antérieurs. Il travaillait très peu et néanmoins les claudications augmentaient d'intensité. Le 13 mars 1893, il est envoyé chez un cultivateur pour être utilisé aux travaux de la ferme. Malgré le changement et la grande diminution de travail, les tendinites deviennent tellement douloureuses que le cultivateur informe, vers la fin de mai 1893, le propriétaire qu'il lui est impossible de garder plus longtemps le malade qui est devenu incapable de rendre aucun service. En même temps le vétérinaire qui avait soigné l'animal chez le fermier, faisait savoir à M. Laigneau que les inflammations des tendons étaient si accusées qu'il était inutile de recourir à la cautérisation, et que la névrotomie médiane seule pouvait donner quelque résultat.

Le cheval rentre le 5 juin 1893. C'est alors que je l'examine. Il est dans un état de maigreur extrême. Il souffre horriblement des deux membres antérieurs, où il existe deux nerf-férures qui, sans produire extérieurement beaucoup de tuméfaction, sont très sensibles ; à peine y touche-t-on que le sujet manifeste une grande douleur par un brusque mouvement de retrait. Il peut à peine se mouvoir et se déplace aussi difficilement qu'un cheval fortement fourbu. A l'écurie, il s'appuie tantôt sur un membre, tantôt sur l'autre, mais plus souvent sur le droit, moins malade. Le propriétaire, voyant l'animal dans cet état, ne pense pas qu'aucune intervention puisse déterminer la guérison et est décidé à le livrer à la boucherie. Sur mes instances, et plutôt pour m'être agréable que dans l'espoir de voir survenir un résultat favorable, il consent à la mésoneurectomie.

Le 10 juin 1893, elle est pratiquée sur le membre gauche le plus atteint. Au relever, au pas, car il est impossible de faire trotter le malade, la boiterie a disparu sur le membre opéré. A l'écurie, c'est celui-ci qui supporte presque toujours le poids du corps. La plaie se cicatrise rapidement; en quinze jours elle est fermée et à cette époque, à l'exercice au trot, il n'y a pas de boiterie du membre gauche opéré. Ne souffrant plus que d'un seul côté, le sujet mange bien et reprend de l'embonpoint.

Le 30 juin 1893, l'opération est pratiquée sur le membre droit et a pour conséquence immédiate de faire disparaître complètement la boiterie. La cicatrisation de la plaie opératoire dure quinze jours environ, pendant lesquels un repos absolu est gardé. On commence alors à promener le malade qui reprend de plus en plus de gaieté et d'état.

Vers le 23 juillet suivant, il fait un très léger travail, puis à dater du 30 du même mois, on le remet en demi-service. Tous les matins, il va, comme cheval de trait, à Paris, ramasser la gadoue et fait ainsi à charge et sans fatigue, 6 à 7 kilomètres.

Quinze jours plus tard, le 15 août, on le met à un service un peu plus pénible : il va à la campagne, l'après-midi, porter les boues de Paris pour la culture et fait alors en moyenne au moins 20 kilomètres à charge. Les premiers voyages il rentre un peu fatigué ; des douches, des frictions d'alcool camphré et un jour de repos suffisent pour le remettre droit. Enfin, vers la fin d'août 1893, il reprend le service complet : le matin à Paris, le soir à la campagne. Depuis cette époque il travaille régulièrement, il va devant trois chevaux ; je ne l'ai pas encore fait remettre en limon. Le charretier qui le conduit en est on ne peut plus satisfait ; il ne le changerait pas, dit-il, pour n'importe quel autre de la maison et il y a 60 bons chevaux dans l'établissement.

Je dois dire qu'en août 1894, c'est-à-dire un an après la reprise ininterrompue du service, il est survenu un peu d'engorgement, de douleur à la région tendineuse gauche et par suite de la boiterie du membre correspondant. Cette inflammation était-elle due à un coup ou à une poussée aiguë de nerf-férure ? Il m'a été impossible de le savoir. Quoiqu'il en soit, elle a nécessité l'application d'un vésicant et un repos de dix à quinze jours, après lesquels l'animal a repris son travail complet qui, depuis, n'a pas été interrompu. J'ai tenu à noter cette particularité, car elle prouve que si, sur un membre mésoneurectomisé, il survient, pour une cause quelconque, de l'inflammation de la région tendineuse, il est possible d'y appliquer sans inconvénient un vésicant et que cette inflammation ainsi que le gonflement et la boiterie qui l'accompagnent peuvent rapidement disparaître.

Les deux nerf-férures, même la gauche, paraissent un peu diminuées, mais, comme cela se remarque du reste chez tous les opérés, elles sont toujours un peu douloureuses à la pression, ce qui tient probablement à ce que la sensibilité est conservée dans la peau.

Ces deux observations, qui constituent deux *guérisons*, sont aussi complètes que possible ; j'ai, en effet, pu suivre l'animal qui en fait l'objet pendant dix-huit mois d'un travail très dur et je le suivrai encore car il est toujours chez le même propriétaire. D'un autre côté, le résultat est parfait, puisque voilà un cheval destiné à la boucherie qui, après avoir eu les deux médians sectionnés, fait sans boiter un service exceptionnel.

Le 26 avril 1894, j'ai fait présenter le sujet à la Société centrale de médecine vétérinaire qui a pu se rendre compte de son état et de l'effet obtenu.

C'est une cure remarquable, merveilleuse ; c'est plus qu'une cure, c'est une véritable résurrection qui à elle seule est suffisante pour donner à la névrotomie médiane une grande valeur pratique et pour la faire immédiatement adopter.

Observation VI. — Jument de trait rapide, sous poil gris très clair, âgée de 11 ans, appartenant à M. H. à Paris.

Depuis le mois de janvier 1893, la bête souffre horriblement d'une nerf-férure siégeant au membre antérieur droit ; elle ne rend que des services insignifiants et en boitant très fort. Des frictions vésicantes et l'application d'un feu en pointes sur la région tendineuse n'ont donné aucun résultat.

Un très grand nombre de vétérinaires ont examiné la malade, tous l'ont considérée comme incurable et beaucoup comme devant être immédiatement sacrifiée à la boucherie. Elle m'est présentée dans le commencement de janvier 1894 ; la boiterie est excessive, même au pas et la mésoneurectomie pouvant seule donner un bon résultat elle est décidée et pratiquée le 13 janvier 1894.

Au relever, la jument ne boite presque plus, même au trot. La plaie se cicatrise en moins de trois semaines ; et, vingt-cinq jours après l'opération, la bête fait un léger travail avec beaucoup plus de facilité qu'avant, en ne boitant plus du tout au pas et imperceptiblement au trot.

Ensuite, jusqu'au commencement d'avril elle travaille assez fort et la très légère boiterie qui persiste va chaque jour en s'atténuant. Malgré cela, le propriétaire ne la trouvant plus suffisamment élégante et vite pour son omnibus de famille, par suite de la tuméfaction de la région tendineuse et de l'application du feu à la même région, la vend à un marchand de chevaux qui, lui-même la revend à un cultivateur.

J'ai demandé des renseignements et, en novembre 1894, on m'a appris par lettre que la jument allait très bien, qu'elle faisait un excellent service à la charrue.

Le résultat de l'opération a donc été très bon et cette observation peut être classée dans les *guérisons*.

Observation VII. — Cheval entier, de gros trait, sous poil gris, âgé de 8 ans, appartenant à MM. G. de K. et le G. de L., à Paris.

Acheté vers le mois de mars 1893, cet animal présentait à la face externe du paturon antérieur droit une exostose qui a grossi et n'a pas tardé à le faire boiter. La claudication n'étant d'abord pas excessive a pu permettre le travail jusque vers la fin de l'année ; mais, à ce moment de la nerf-férure et par suite de la bouleture sont survenues au même membre, la boiterie est devenue très forte, même au pas et le sujet s'est trouvé dans l'impossibilité de rendre un service rémunérateur. Consulté au commencement de février 1894, je conseille la mésoneurectomie, assurant la diminution de la boiterie; c'est-à-dire la disparition de la douleur due à la nerf-férure, n'osant me prononcer pour celle résultant de la périostose externe du paturon.

L'opération est faite le 17 février 1894. Au relever, la boiterie a presque complètement disparu, même au trot. La plaie se cicatrise rapidement. J'indique quinze jours de repos absolu, huit jours de promenade, huit jours de travail très léger et huit jours de demi-travail. Le malade reprend ensuite son service, qu'il fait sans fatigue et qui consiste à camionner toute la journée 2000 kilogrammes de marchandises dans Paris. Une légère claudication, qui n'est guère appréciable qu'au trot, persiste ; mais le cheval, complètement inutilisable avant l'opération, travaille maintenant sans interruption et cela depuis 10 mois environ.

La petite boiterie qui n'a pas disparu est certainement due à la périostose phalangienne, car celle-ci, comme on l'a vu, existe au côté externe du paturon en partie innervé par le cubito-cutané.

Il y a donc eu ici seulement *amélioration*.

Le sujet qui fait l'objet de cette observation a été présenté à la Société centrale le 26 avril 1894.

Observation VIII. — Le 22 mars 1894, j'ai l'occasion d'opérer chez M. Guillemard, vétérinaire à Paris, un cheval hongre bai-brun.

Le sujet est atteint au membre antérieur gauche d'une nerf-férure très forte ; de plus, le pli du paturon est complètement rempli par une tuméfaction dure du tendon ; sur toutes ces lésions des feux en raies ont été appliqués sans aucun résultat. L'animal marche en talon, la boiterie est excessive même au pas.

Aussitôt après la section du médian, la claudication a presque complètement disparu.

Trois semaines après, M. Guillemard me fait savoir que le malade qui, avant l'opération, valait à peine 60 francs pour la boucherie, avait été vendu le 6 avril pour la somme de 250 francs.

J'ai appris depuis qu'il fait très bien, à Paris même, un léger service.

La vente a eu lieu parce qu'il appartenait à une administration qui ne pouvait plus l'utiliser avec les lésions disgracieuses qui existaient au membre antérieur gauche.

Le résultat a donc été très beau et sans crainte d'exagération on peut le considérer comme une *amélioration.*

En même temps qu'il me donnait les renseignements relatifs à l'observation qui précède, M. Guillemard m'apprenait qu'il venait d'opérer un cheval atteint seulement de nerf-férure et qu'immédiatement après l'opération la boiterie avait beaucoup diminué. Ce cheval a été vendu peu de temps après la névrotomie, je ne connais donc pas les effets consécutifs et je ne l'ai pas compris dans les résultats.

Observations IX et X. — Il s'agit d'un cheval entier, de gros trait, sous poil gris, âgé de 8 ans, appartenant à M. M. à la Plaine-Saint-Denis, qui, depuis 18 mois environ, est atteint de tendinites aux deux membres antérieurs.

J'avais fréquemment conseillé la névrotomie médiane ; mais le propriétaire ne s'y décidait point. Au mois de mai 1894, l'animal étant devenu incapable de rendre aucun service, on me fait savoir que je peux l'opérer. A cette époque, les nerf-férures sont énormes, très douloureuses et compliquées de bouleture très légère au membre gauche, mais atteignant le 3e degré au membre droit. Le malade ne se déplace que péniblement.

L'opération est pratiquée le 19 mai 1894 et en une seule séance aux deux membres.

Au relever, la marche est très facile, il n'existe pour ainsi dire plus de boiterie ; mais les mouvements de l'extrémité droite fortement bouletée restent irréguliers.

A l'écurie, l'appui du bipède antérieur est franc.

Le cheval n'a pas été du tout fatigué par cette double névrotomie médiane et la cicatrisation des plaies opératoires a été très rapide.

Ici je dois placer un petit incident. Il n'y avait pas de place à l'écurie pour l'opéré et, aussitôt après l'intervention, il avait été installé dans une remise où il n'existait ni ratelier, ni mangeoire. La préhension des aliments se faisait donc à terre; par suite de cette mauvaise disposition de l'habitation, les bouletures, surtout celle du côté droit, avaient de la tendance à s'accentuer.

Heureusement, je me suis aperçu de cette irrégularité et j'y ai immédiatement mis fin.

Je signale ce fait pour mettre mes confrères en garde contre un semblable incident.

L'animal a été promené et entraîné comme je l'indique dans la première partie de ce travail (soins ultérieurs). Ensuite il a travaillé. Malgré sa bouleture qui persistait, quoique moins accusée au membre droit, mais qui avait pour ainsi dire disparu du côté gauche, il faisait son service sans boiter, alors qu'avant l'opération il ne pouvait plus être utilisé.

Il a marché ainsi pendant trois mois, puis le propriétaire ennuyé d'avoir un cheval bouleté, l'a vendu en septembre 1894 à un cultivateur, chez lequel j'en suis certain, il rend de bons services.

Les résultats sont donc ici aussi complets qu'ils pouvaient être, puisqu'il n'y avait pas à espérer la disparition de la bouleture du côté droit et j'enregistre ces deux observations comme deux *guérisons*.

Observation XI. — Cheval entier, très gros, sous poil gris, âgé de dix ans, appartenant à M. D... agriculteur à Vincy-Manœuvre (Seine-et-Marne).

Depuis trois ans, l'animal souffre d'une inflammation du tendon du membre antérieur droit qui détermine une assez forte boiterie. — M. Delamarre, vétérinaire à Acy-en-Multien a appliqué sur la région malade deux fois le feu en pointes sans succès. — Ce confrère, après avoir pris connaissance de mes communications à la Société centrale relatives à la névrotomie médiane contre la nerf-férure, me prie de venir opérer le boiteux.

L'opération est pratiquée à Vincy le 18 juin 1894; aussitôt après, il y a une grande diminution de la claudication et un appui plus franc à l'écurie.

J'ai reçu, soit de M. D..., soit de M. Delamarre, plusieurs lettres de renseignements, dont la dernière date du 23 septembre 1894. Par ces missives, je sais que la cicatrisation a été très rapide, que l'animal ne boite plus, qu'au bout de trois semaines il a repris son service comme limonier, qu'il n'a pas quitté depuis, sauf pendant quelques jours, par suite de la gourme contractée auprès de jeunes chevaux.

Bref, le propriétaire et son vétérinaire sont très satisfaits et me disent que je peux considérer cette opération comme ayant déterminé une *guérison radicale* et *remarquable*.

OBSERVATION XII. — Cheval entier, de gros trait, sous poil bai, âgé de sept ans, appartenant à M. G... à Paris.

Dans le courant de juin 1894, cet animal tombe fortement boiteux du membre antérieur gauche et je diagnostique une fêlure de la deuxième phalange. Malgré un traitement approprié, la boiterie persiste extrêmement forte, à trois membres et de la périostose apparaît à la couronne.

Dans le but de mettre la mésoneurectomie à l'épreuve en pareil cas, je la pratique le 17 juillet 1894. Au relever, l'opéré boite beaucoup moins; cette sensible amélioration était probablement due à l'ébranlement nerveux, car quelques jours après, la claudication reparaît et se maintient presque aussi intense qu'avant l'intervention.

L'*insuccès* est donc complet.

Le 8 août 1894, je fais au membre malade, la névrotomie haute et double qui me donne un succès immédiat, preuve que le diagnostic était juste. Pendant cette opération, je peux faire des constatations intéressantes, relatées aux indications, et qui me font voir que si le nerf plantaire interne est complètement insensible, le nerf plantaire externe a au contraire conservé une sensibilité à peu près normale.

OBSERVATION XIII. — Cheval de gros trait, véritable colosse payé 1800 francs à cinq ans, sous poil gris très clair, âgé de douze ans, de la taille de $1^{m},78$, appartenant à M. de C... à Crépy-en-Valois (Oise).

Depuis le mois de mars 1893, cet animal, qui fait un service de culture, est atteint d'un effort de tendons au membre antérieur droit qui détermine une boiterie. Le 31 août 1893, M. Congis, vétérinaire à Crépy-en-Valois, qui dans la suite m'a prié de venir opérer le cheval et m'a donné tous les renseignements, est consulté. Le 2 septembre 1893, il applique un feu sur la région tendineuse. La claudication diminue et le malade est remis en service, mais le travail est fréquemment interrompu par des demi-journées de repos. En juillet 1894 la boiterie est intense, le membre au repos est porté en avant de la ligne d'aplomb.

Le vétérinaire, à nouveau consulté, propose la névrotomie médiane que je pratique à Crépy le 22 juillet 1894. Au relever, la claudication est aussi accusée qu'avant. Le 25 juillet il y a une grande amélioration, au pas la marche est facile, au trot la boiterie est perceptible, mais moins accusée qu'avant l'opération.

Le 6 août, il n'y a presque plus d'irrégularité dans les allures. On promène le sujet au pas pendant une semaine puis on le met au travail des champs.

Depuis cette époque, la guérison s'est maintenue ; il a fait comme limonier à l'automne le transport des betteraves, attelé à des tombereaux de 5000 kilogrammes (voiture et betteraves) et n'a pas été indisponible pendant toute la durée de ces pénibles travaux, malgré l'accélération d'allures que tendaient à lui imprimer ses devanciers plus jeunes et plus vigoureux que lui.

L'animal a été revu le 8 novembre 1894 par M. Congis qui n'a rien trouvé d'anormal dans les allures ; il a simplement noté un peu d'induration dans le pli du paturon et me signale ce fait comme un *beau succès*.

C'est donc une *guérison*.

Observations XIV et XV. — Ponette alezane, âgée de quatorze ans que j'ai achetée le 1er août 1894.

Elle marche très difficilement du bipède antérieur, la pince des deux membres de devant touche la première le sol et les talons n'arrivent qu'après à terre.

Les tendons, sans être tuméfiés, sont un peu sensibles à la pression, ce qui indique une légère nerf-férure. Il existe de l'encastelure et des bleimes ascendantes très douloureuses surtout aux côtés externes ; enfin je soupçonne de la maladie naviculaire.

C'est donc une bête usée sur laquelle je veux éprouver la mésoneurectomie.

Cette opération est pratiquée aux deux membres le 2 août 1894. Aussitôt après, la marche est beaucoup plus libre et l'appui plus franc à l'écurie. A l'exploration des sabots, on se rend compte que la sensibilité des bleimes ne persiste qu'aux côtés externes.

Les plaies se cicatrisent très rapidement et l'opérée n'est nullement fatiguée par la section des deux médians.

Trois semaines après l'intervention, je l'attelle à une petite charrette, et elle parcourt assez facilement une dizaine de kilomètres.

Elle est vendue dans les premiers jours de septembre à un courtier en vin. — Elle fait, bien qu'avec un peu de peine, la place de Paris, ce qui lui aurait été complètement impossible avant les névrotomies.

Cette petite bête, j'en suis certain, travaillerait avec beaucoup d'aisance à la campagne.

Il y a donc ici seulement deux *améliorations*.

En somme, la sensibilité due aux tendinites a disparu ; mais celle résultant des bleimes externes et peut-être aussi de la maladie naviculaire a en partie persisté.

Observation XVI. — Cheval bai, de trait léger, appartenant à M. M..., agriculteur à Crépy-en-Valois.

Une périostose énorme du boulet antérieur droit, due à une arthrite occasionnée par une blessure avec une fourche américaine, détermine sur cet animal une très forte boiterie.

M. Congis avait appliqué, sur l'articulation malade, un feu en pointes pénétrantes le 25 février 1892, et un le 30 septembre. Une amélioration passagère s'était produite, et le sujet avait pu être un peu utilisé au service de la cour.

En août 1894, la claudication est très forte, le cheval marche à trois membres, et le propriétaire parle de le livrer à la boucherie, lorsque M. Congis m'appelle pour faire la névrotomie médiane.

Je la pratique à Crépy, le 9 août 1894. Au relever, la boiterie est aussi accusée qu'avant.

Dans la suite, un résultat assez favorable se produit.

Par une lettre en date du 8 novembre 1894, j'apprends que la claudication n'a pas disparu mais qu'elle a considérablement diminué, et que l'opéré a pu être utilisé à nouveau dans l'intérieur de la ferme.

Il y a donc ici *amélioration.*

Observation XVII. — Jument alezane, trotteuse, anglo-normande appartenant à M. Congis, vétérinaire à Crépy-en-Valois.

C'est M. Congis qui a fait la névrotomie, et m'a donné, en novembre 1894, tous les renseignements que je reproduis textuellement :

« J'avais, dit-il, acheté cette bête avec une périostose ancienne « du boulet antérieur gauche. Cette jument faisait 5 lieues et demie à « l'heure sans fouet et avait un trot remarquable. Je la traitai à « plusieurs reprises pour boiterie et à force de soins, j'étais parvenu « à lui faire accomplir chaque jour un parcours plus ou moins long, « quand, en juillet 1894, elle se mit à boiter assez fortement. Je lui « mis un feu en pointes pénétrantes qui donna beaucoup, mais ne « fit pas disparaître la boiterie. Le 9 septembre 1894, je la mésoneu- « rectomisai avec l'assistance de mon suppléant. Le résultat immé- « diat fut excellent. Exercée au pas puis au trot aussitôt après l'opé- « ration, la jument était parfaitement droite. Il est important de « noter que la périostose du boulet était devenue énorme et s'accom- « pagnait d'une déviation intense du levier phalangien.

« Ces deux essais expérimentaux (observation XVI) prouvent que « la mésoneurectomie n'est pas une opération à dédaigner en cas de « périostose du boulet, et qu'elle doit être préférée au feu.

« Ma jument a été remise à l'attelage dans les premiers jours « d'octobre, et elle a pu trotter presque aussi vite qu'avant sa boi-

« terie. Pas de claudication à cette allure rapide. Un de nos confrères « a été témoin du fait.

« Je me suis défait de cette bête, en raison du volume de la « périostose très disgracieuse et cause d'atteintes ».

Cette observation peut être considérée comme une *guérison*.

OBSERVATION XVIII. — Jument sous poil bai-brun, âgée de 13 ans, appartenant à une société coopérative de petites voitures à Paris.

Cette bête est atteinte, depuis plusieurs années d'une périostose du boulet antérieur droit qui a nécessité plusieurs fois l'application de la cautérisation. De temps en temps, elle est indisponible pour quelques jours.

En octobre 1894 elle tombe boiteuse, mais la claudication au lieu de disparaître comme précédemment persiste, et l'indisponibilité se prolonge tellement, que le 3 novembre, à tout hasard, je pratique la névrotomie médiane.

Au relever, même au trot, la boiterie a complètement disparu. J'en suis fortement surpris, ne connaissant pas les résultats favorables des deux observations qui précèdent, n'ayant par conséquent pour me faire une opinion en pareil cas que le résultat négatif du cheval d'expérience (voir les indications) et l'effet immédiat également négatif de l'observation XVI.

La plaie se cicatrise rapidement et la boiterie résultant de l'inflammation consécutive à l'opération disparaît vers le 18 novembre.

Le 25 novembre, on attelle pour la première fois la jument qui fait sans boiter une petite course.

Après avoir pris toutes les précautions nécessaires pour la remettre en service, on lui fait reprendre celui-ci vers le 5 décembre; elle le fait depuis régulièrement sans présenter de claudication.

Ce fait constitue une *guérison*.

OBSERVATIONS XIX et XX. — Jument sous poil bai, âgée de 8 ans, appartenant à un établissement de petites voitures à Paris.

Le 16 décembre 1894, j'ai pratiqué la névrotomie médiane aux deux membres en une seule séance sur cette jument qui souffrait de nerf-férures. La bête, qui était depuis longtemps dans l'impossibilité de travailler, était gênée du bipède antérieur, mais boitait surtout du membre droit.

Aussitôt après les opérations, elle trottait beaucoup plus librement et il n'existait plus du tout de claudication.

Vers le premier janvier 1895 on a commencé à l'atteler; depuis, elle a fait très facilement quelques petites courses au pas ou au petit trot.

Dans la seconde quinzaine de ce mois, la jument reprendra, j'en suis certain, le service du fiacre, et par suite, je considère qu'il y a encore ici deux *guérisons*.

En consultant ces 20 observations, on voit que la mésoneurectomie m'a donné, employée contre la nerf-férure, 11 guérisons sur 11 cas; contre la nerf-férure avec lésions du paturon, 5 améliorations sur 5 cas; contre la périostose du boulet, sur 3 cas, 2 guérisons et une amélioration, enfin, contre les formes phalangiennes, un insuccès sur un cas.

Ces résultats justifient pleinement mes opinions sur la névrotomie médiane, ainsi que les conclusions qui terminent la première partie de ce travail.

Mon confrère et associé M. Nigon, en présence et avec l'aide duquel j'ai pratiqué quelques-unes des opérations qui précèdent, et qui a pu en constater les bons effets, pense comme moi que la mésoneurectomie opposée à la nerf-férure et à la périostose du boulet constitue un réel progrès chirurgical.

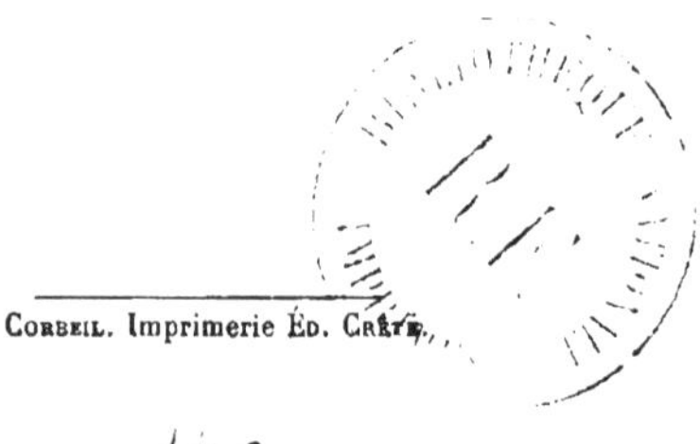

Corbeil. Imprimerie Éd. Crété.

www.ingramcontent.com/pod-product-compliance
Ingram Content Group UK Ltd.
Pitfield, Milton Keynes, MK11 3LW, UK
UKHW020421180726
13839UKWH00003B/1360